혈당 안심 레시피

일러두기

본 도서는 국립국어원의 표기 규정과 외래어 표기 규정을 따랐습니다.
다만 일부 용어는 입말을 고려하여 쓰였습니다.

혈당 안심 레시피

권은경 지음

다 이 어 트 에 도 움 되 고 혈 당 스 파 이 크 잡 는 식 단

영진미디어

1장

건강을 지키는 첫걸음 혈당 관리

2장

혈당 안심 밥상, 매일 건강한 한 끼

혈당 스파이크,
제대로 알아야 관리할 수 있다

요즘 '혈당 스파이크'라는 말을 자주 접하게 됩니다. 최근 대한민국 다이어트 산업과 SNS를 뜨겁게 달구고 있죠. 그도 그럴 것이, 대한민국 30세 이상 성인남녀 10명 중 7명이 공복 혈당 장애와 내당능장애를 비롯한 당뇨병 전 단계이거나 당뇨병 질환자라고 합니다. 연령이 높아질수록 당뇨병 유병률도 증가하다 보니, 많은 분이 건강을 위해 혈당 스파이크와 혈당 관리의 중요성에 주목하고 있습니다.

식사 후 혈당이 갑자기 크게 오르는 현상을 '혈당 스파이크'라고 합니다. 당뇨병 질환자 뿐 아니라 누구에게나 일어날 수 있어요. 혈당 스파이크가 오랫동안 반복되면 여러 건강 문제로 이어지기도 하죠. 특히 요즘 현대인들처럼 정제된 밀가루와 설탕이 많이 든 외식이나 배달 음식을 자주 먹는다면 더욱 조심해야 합니다.

혈당을 건강하게 잘 관리하려면 인슐린이라는 호르몬도 기억해야 합니다. 인슐린은 우리 몸의 혈당을 낮추는 호르몬이에요. 한 번에 많은 탄수화물을 먹으면 혈당이 급격히 올라가고, 이를 낮추기 위해 인슐린이 많이 분비되죠. 하지만 인슐린이 너무 많이 분비되면 혈당이 오히려 크게 떨어져서 우리 몸은 다시 단 음식을 찾게 됩니다. 이런 과정이 계속 반복되면서 살이 찌기 쉽기 때문에 이제는 많은 사람들이 다이어트할 때 혈당 관리에 신경을 쓰더라고요.

저는 한동안 공복 혈당이 계속 높은 상태가 유지되는 공복 혈당 장애, 즉 당뇨병 전 단계였습니다. 그래서 최근 많은 분이 혈당 관리에 관심을 가지는 현상이 반갑고 다행이라는 생각도 들어요. 다만 혈당 관리를 단순히 살을 빼는 방법으로만 여기지 않으셨으면 좋겠습니다. 혈당 관리는 다이어트를 떠나 우리 건강을 지키는 데 꼭 필요한, 평생 이어가야 할 건강 습관이니까요.

처음에는 저 역시 혈당 스파이크가 무엇인지, 왜 중요한지 잘 몰랐어요. 평생 혈당 측정이라곤 2년에 한 번씩 실시하는 국가건강검진의 공복 혈당 검사 정도였거든요. 제가 코로나19로 '확찐자'가 되면서 저탄수화물·고지방 식단 다이어트를 시작했는데 이 식단에서 중요하게 여기는 케톤 수치와 함께 혈당을 체크하면서 매일 아침 제 공복 혈당이 정상 기준보다 높다는 사실을 알게 되었지요.

이후 혈당을 꾸준히 체크하면서 식후 혈당을 재어 보니 식사의 구성이나 식사량에 따라 급격하게 올랐다가 급속도로 떨어지는 혈당 스파이크가 일어나고 있다는 것도 알게 됐어요. 단순히 식후 2시간 혈당을 체크하는 것만으로는 놓쳐버리기 쉬운 체내 응급 상황이 계속해서 반복되고 있었죠. 그때부터 혈당 관리에 많은 관심을 가지게 됐어요. 관련 정보를 찾고 책을 읽으며 제 몸을 관리하기 시작했습니다.

주변을 둘러보면 생각보다 공복 혈당이 높은 분이 많더라고요. 그런데 지금 당장 당뇨병으로 확진 받은 게 아니고 일상생활에 큰 불편함이 없으니 대수롭지 않게 여기는 분이 대다수입니다. 하지만 공복 혈당이 높다는 것은 결코 가볍게 치부할 일이 아닙니다. 이미 인슐린 저항성은 높아졌고 서서히 당뇨병으로 가는 길목에 놓인 것이기 때문이죠. 그래서 저는 바짝 긴장할 수밖에 없었답니다. 아버지께서 오랜 기간 당뇨병으로 고생하셨기 때문에 더욱더 그랬거든요.

게다가 매일 16~18시간씩 간헐적 단식을 해 왔고, 하루 탄수화물 섭취량도 100g 정도로 제한했는데도 2년 가까이 공복 혈당이 정상치를 웃돌아 걱정이었습니다. 그때부터 저는 더 늦기 전에 혈당 관리를 철저히 해야겠다고 생각하며 많은 변화를 겪었습니다.

단순히 다이어트 목적으로 유지했던 저탄수화물·고지방 식단도 혈당 관리에 초점을 맞춰 변화를 주었고 생활 습관 전반을 다듬었어요. 공복 혈당을 정상으로 되돌리기 위해 건강 관련 책과 영상을 공부했고요. 그 결과 현재는 매일 아침 공복 혈당이 100mg/dL 이하 90mg/dL대 수준으로 정상 수치에 들어왔습니다. 당화혈색소 수치도 정상 범위로 돌아왔습니다.

저는 의사나 영양 전문가는 아니지만 공복 혈당 장애를 겪은 한 사람으로서 제 경험을 나누고 싶었습니다. 혈당 스파이크를 쉽게 이해하고 관리하는 방법부터, 맛있으면서도 혈당을 안정화할 수 있는 건강한 레시피까지 소개해 드리려 합니다.

따스한 봄에 글을 쓰기 시작해 뜨거운 여름을 지나, 깊어지는 가을에 이 책을 마무리하게 되었습니다. 계절이 변하는 동안 제 생각도 깊어졌고, 독자 여러분과 나누고 싶은 이야기도 차곡차곡 쌓여 드디어 세상에 나오게 되었네요. 부족한 저의 경험과 이야기가 세상에 나올 수 있도록 도와주신 모든 분께 감사드립니다. 이 책이 여러분의 삶에 작은 변화를 불러일으키는 동기 부여가 될 수 있기를, 그리고 그 변화가 건강과 행복으로 이어지길 진심으로 바랍니다.

권은경

1장

건강을 지키는 첫걸음
혈당 관리

혈당 관리의 이해

혈당이란 무엇인가

혈당 스파이크를 이해하려면 우선 혈당에 대해 알아야 합니다. 혈당은 혈액 속 포도당을 의미하는데 우리 몸의 가장 기본적인 에너지원으로 쓰여요. 우리가 음식을 먹으면 소화 과정을 거쳐 포도당으로 바뀌어 혈액으로 흡수되죠. 음식을 먹지 않은 상태에서도 혈액 속에는 항상 일정한 양의 포도당이 있어서 호흡, 근육 사용, 뇌 활동 등 모든 신체 활동에 즉각적으로 에너지를 공급할 준비를 하고 있습니다.

혈당 수치는 일반적으로 식사 직후에 오르기 시작해 일정 시간이 흐르면 점차 떨어져요. 음식 종류에 따라 정도의 차이는 나지만 식사를 시작한 지 1시간 전후 가장 높게 올라가 최고점에 도달한 후 점차 떨어져 식후 2시간 뒤에는 정상 수치가 됩니다.

아래는 대한당뇨병학회(Korean Diabetes Association)가 제시하는 혈당 수치 기준을 정리한 표입니다. 그중 공복 혈당이 100mg/dL 이상으로 높을 때 이를 공복 혈당 장애라고 하며, 이는 당뇨병 전 단계에 해당합니다. 공복 혈당 장애는 내당능장애와 함께 당뇨병으로 진행될 위험이 있는 상태예요. 내당능 장애는 음식을 섭취한 후 혈당이 정상보다 높게 상승하지만 아직 당뇨병으로 진단되지는 않은 상태입니다. 공복 혈당 장애와 내당능 장애를 모두 합쳐 당뇨병 전 단계로 분류합니다.

혈당 수치 기준표

시간	정상	당뇨병 전 단계	당뇨병
공복	99 이하	100~125	126 이상
식후 2시간	140 이하	140~199	200 이상
당화 혈색소(%)	5.7 미만	5.8~6.4	6.5 이상

(단위 mg/dL)

내당능 장애와 공복 혈당 장애는 몸에서 보내는 황색 신호등이에요. 혈당 조절 기능에 문세가 생기기 시작했다는 뜻이므로, 건강한 생활 습관으로 혈당을 안정적으로 유지해야 합니다. 혈당 수치가 너무 낮아지면 저혈당이, 반대로 너무 높아지면 고혈당이 발생해요. 저혈당이 오면 신체 기능과 뇌의 활동이 원활하지 않아 피로감이 생기고 집중력이 떨어지며 심할 경우 의식을 잃기도 합니다. 반면, 고혈당이 지속되면 당뇨병과 같은 만성 질환을 유발할 위험이 커집니다. 이로 인해 다양한 합병증이 발생하는 등 심각한 건강 문제를 초래할 수 있습니다.

혈당 스파이크란

학창 시절 저는 점심시간만 지나면 견딜 수 없이 졸렸어요. 선생님께 혼나는 게 무서워 엎드려 잘 순 없었지만, 5교시 수업 시간은 병든 닭처럼 꾸벅꾸벅 졸거나 졸음을 쫓기 위해 안간힘을 써야만 했어요. 쉬는 시간엔 거의 기절 상태였고요. 이런 증상은 대학생이 되고 사회인이 되어서도 점심을 먹은 후엔 늘 졸음과 싸워야 했죠.

아마 이런 경험은 저만이 아니라 대부분 겪어 보신 현상일 텐데요, 흔히 '식곤증'이라 불리며 밥만 먹고 나면 졸음이 쏟아지는 현상,

이것이 바로 혈당 스파이크의 가장 대표적인 증상입니다.

우리가 음식을 먹은 후 혈액 속에 포도당이 넘쳐나면 포도당은 이것을 에너지원으로 사용하기 위해 분해됩니다. 이 과정에서 혈액을 통해 온몸의 세포로 전달되며 혈당이 올라가기 시작합니다. 그러면 췌장에서는 인슐린이라는 호르몬을 즉시 분비하기 시작해요. 분비된 인슐린은 혈액 속 넘쳐나는 포도당을 근육과 지방 등으로 전달해 세포로 들어가 에너지원으로 쓰일 수 있도록 도와줍니다. 즉, 음식을 먹으면 포도당이 증가하며 혈당이 올라가고, 높아진 혈당을 낮추기 위해 췌장에서 인슐린이 분비되며 세포에 전달하는 유기적인 관계가 이루어지죠.

이렇게 음식을 먹은 후 혈액 내 포도당 농도가 높아지며 혈당이 오르는 것은 자연스러운 체내 과정입니다만, 상승 폭이 완만하지 않고 변동 폭이 클 때가 있어요. 주로 탄수화물을 다량 함유한 음식을 먹었거나 식사를 건너뛰어 공복 시간이 길어질 때 발생합니다. 이렇게 혈당이 치솟으면 혈당 조절을 담당하는 호르몬인 인슐린이 대량 분비되면서 혈당은 급격하게 떨어집니다. 이렇듯 혈당이 롤러코스터를 타듯 큰 변동 폭을 보이는 현상을 혈당 스파이크라고 부릅니다. 혈당 스파이크는 섭취한 음식에 따라 나타나는 시간대가 다소 차이가 있지만 대체로 식후 1시간 전후로 나타납니다.

혈당 수치

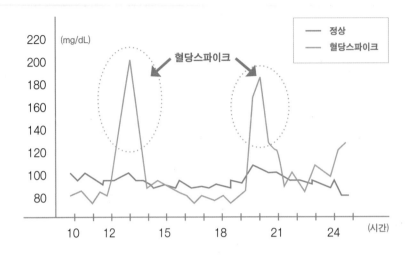

지금까지 혈당 측정은 주로 당뇨병 환자를 대상으로 공복 혈당, 식전 혈당, 그리고 식후 2시간 혈당 위주로 이루어졌어요. 그래서 혈당이 최고점을 찍는 혈당 스파이크를 놓치기 쉬웠어요.

최근에는 공복 혈당과 식후 2시간 혈당 사이에 숨어 있는 혈당 변화에도 관심이 높아졌어요. 음식을 먹고 난 후 혈당이 얼마나 가파르게 오르는지, 즉 혈당 스파이크를 확인하는 게 중요하다는 연구 결과들이 나오고 있거든요. 특히 이렇게 중간에 숨어 있는 혈당 수치가 식후 2시간 혈당보다 더 위험할 수 있다는 연구도 많아졌죠.

혈당 스파이크가 자주 반복되면 체중 증가뿐 아니라 인슐린 저항성을 유발하기도 합니다. 인슐린 저항성이란 우리 몸이 인슐린에 둔감해져서 혈당을 낮추는 데 점점 더 많은 인슐린이 필요한 상태를 말해요. 마치 달콤한 음식을 자주 먹으면 점점 더 단맛을 느끼기 어려워지는 것처럼요. 인슐린 저항성이 생기면 더 많은 인슐린을 필요로 하게 되고, 결국 혈당 조절이 어려워집니다. 이러한 상태가 지속되면 당뇨병뿐만 아니라 치매, 암과 같은 만성 질환으로 이어지기도 합니다.

국내 한 대학에서 실험용 쥐를 대상으로 혈당 스파이크가 췌장에 미치는 영향을 분석한 연구가 진행됐습니다. 연구 결과, 혈당 스파이크가 반복적으로 발생하면 췌장에서 혈당 조절 호르몬인 인슐린을 분비하는 베타 세포가 빠르게 파괴되는 현상이 관찰되었습니다.

베타 세포는 한 번 파괴되면 자연적으로 회복되지 않기 때문에 매우 위험한 결과로 이어집니다. 이렇게 베타 세포가 파괴되면 췌장의 인슐린 분비 기능이 원활하지 않아 혈당 조절이 어려워집니다. 결국 당뇨병과 같은 만성 질환으로 발전할 위험이 커지죠. 그래서 혈당 스파이크를 방치하면 당뇨병뿐만 아니라 인슐린 저항성과 관련된 여러 가지 건강 문제로 이어질 수 있음을 시사합니다.

그렇다면, 어느 정도 혈당이 상승할 때 혈당 스파이크라고 할

까요? 이를 판단하기 위해서는 식전 혈당과 식후 혈당의 변화를 살펴보아야 합니다. 혈당 스파이크의 위험성이 알려지기 시작한 것은 비교적 최근의 일이라 아직 의학계에서 공식적으로 정해진 기준은 없어 보입니다. 다만 일반적으로 다음과 같은 대략적인 기준을 사용해요.

당뇨병 환자가 아닌 일반인의 경우, 식사 전 공복 혈당에서 음식을 섭취한 후 혈당이 30~50mg/dL 이내로 상승하되 최대 140mg/dL을 넘지 않는 것을 적정 범위로 여깁니다. 참고로 『글루코스 혁명』에서는 혈당이 30mg/dL 이상만 올라가도 혈당 스파이크라고 봐야 한다며, 더 엄격한 기준을 제시하고 있어요.

혈당 스파이크는 왜 위험할까

배구의 '스파이크spike' 동작을 떠 올려 보세요. 공을 강하게 내리치는 동작처럼, 혈당 스파이크는 혈당이 짧은 시간에 급격히 치솟았다가 떨어지는 현상을 말해요. 이렇게 갑작스럽게 혈당이 오르내리면 건강에 여러 가지 나쁜 영향을 미칠 수 있어서 조심해야 합니다.

인슐린 저항성 증가

혈당 스파이크가 자주 일어나거나 고혈당 상태가 지속되면 우리 몸은 이를 낮추기 위해 췌장에서 인슐린을 계속 분비합니다. 인슐린은 혈액 속에 넘치는 혈당을 세포로 보내 에너지로 쓰이게 도와주는 호르몬인데, 마치 세포의 문을 열어 주는 열쇠 같은 역할을 합니다. 그런데 인슐린이 반복적으로 너무 많이 분비되면, 어느 순간 세포가 이 인슐린에 둔해져서 제대로 반응하지 않게 돼요. 바로 인슐린 저항성이 생기는 거죠.

이렇게 되면 인슐린이 충분히 있어도 세포가 혈당을 받아들이지 못해 혈당과 인슐린이 몸속에 쌓이게 돼요. 결국 혈당과 인슐린 수치는 계속 높고 췌장은 또 인슐린을 만들어 내는 악순환이 반복됩니다. 인슐린 저항성이 생긴 상태에서는 혈당이 안정되지 않고 체지방이 늘어나서 살이 찌기 쉽습니다. 그리고 술을 마시지 않아도 지방간이 생길 수 있고 악화되면 당뇨병으로 이어지기도 합니다.

혈관 손상과 신경 손상

반복적인 혈당 스파이크는 혈관 벽과 신경에 손상을 주기도 합니다. 이는 심혈관 질환의 위험을 높이며 심장 발작이나 뇌졸중과 같은 심각한 건강 문제로 이어질 수 있어요. 혈관 벽이 손상되면 피가 잘 통하지 않게 되면서 혈압이 높아지고 심장은 더 열심히 일을 해야 하죠. 이런 과정이 반복되며 심장에 무리가 가서 심장 발작을 일으킬 수 있는 거랍니다.

또한 혈당 스파이크가 자주 일어나면 큰 혈관뿐만 아니라 작은 혈관도 손상을 입게 됩니다. 특히 뇌로 가는 모세 혈관이 손상되면 혈액 공급이 원활하지 않아 뇌졸중이 발생할 수 있어요.

시력 손상

혈당 스파이크는 눈의 혈관에도 영향을 미칩니다. 실제로 저도 고탄수화물 음식을 먹고 나서 눈앞이 일시적으로 흐릿해지며 뻑뻑한 느낌이 들 때가 있었어요. 이는 일시적 현상이지만 혈당이 계속해서 급격하게 오르내리면 눈의 혈관도 손상될 수 있습니다. 그러한 혈관 손상이 망막에 영향을 미쳐 시력이 떨어지기도 하죠.

당뇨병 합병증 중에서도 가장 두려운 것이 실명인데, 잦은 혈당 스파이크는 시력 손상으로 이어질 수 있어서 주의가 필요해요. 심한 경우 실명을 초래하기도 하니까요.

체내 염증 증가

혈당 스파이크가 반복되어 고혈당 상태가 지속되면 체내 염증 수치가 올라가기도 합니다. 혈당이 급격히 오르는 과정에서 몸은 이를 조절하려고 여러 가지 신호를 보내는데 이 과정에서 염증 반응이 발생할 수 있어요. 염증은 원래 우리 몸이 상처나 감염에 대응하기 위해 생기는 자연스러운 반응이지만 이런 염증이 자주 발생하고 염증 수준이 높아지면 만성 염증으로 이어집니다.

만성 염증은 장기와 신체 조직에 지속적으로 나쁜 영향을 미치고 다양한 질병의 원인이 될 수 있답니다. 심장병, 관절염뿐 아니라 암의 발병 위험을 높이기도 합니다.

혈당 스파이크의 원인

고탄수화물 및 정제 탄수화물 섭취

혈당 스파이크는 주로 우리가 섭취하는 음식에서 비롯됩니다. 특히, 흰쌀밥, 빵, 설탕, 콜라, 주스 등의 정제된 탄수화물이나 액상 과당이 포함된 음료수, 그리고 달콤한 디저트나 초가공식품을 섭취하였을 때 발생해요. 정제 탄수화물과 액상 과당은 체내에서 빠르게 소화되고 흡수되어 혈당을 급격히 올리기 때문입니다. 이러한 음식들은 식이섬유나 영양소가 부족해 포도당이 체내로 빠르게 흡수됩니다. 그 결과, 췌장은 인슐린을 급히 분비해 높아진 혈당을 낮추려 하고 이 과정이 반복되면서 인슐린 저항성이 생길 수 있어요.

과일의 경우도 조심해야 합니다. 과일은 정제 탄수화물은 아니지만 단순당인 과당이 대부분이에요. 과당은 많이 먹으면 지방으로 바뀌어 간에 쌓이기 쉽죠. 과일을 통째로 먹을 때는 식이섬유 덕분에 혈당이 천천히 오르지만(인슐린 저항성이 없는 사람의 경우), 갈아서 스무디나 주스로 마시면 정제 탄수화물이나 다름없으므로 혈당이 훨씬 빠르게 치솟는답니다.

공복 상태에서 첫 식사

긴 시간 공복을 유지한 후 어떤 음식을 섭취하느냐에 따라 혈당 스파이크가 일어날 가능성이 커집니다. 오랜 시간 음식이 들어오지 않아 체내 에너지원인 글리코겐이 고갈되면 몸에 에너지가 절실히 필요한 상태가 됩니다. 그래서 몸이 에너지를 더 빨리 흡수하려는 준비를 하고 음식을 섭취하자마자 혈당이 급격히 올라가게 됩니다. 이러한 상태에서 정제 탄수화물을 먹을 경우 혈당이 급상승할 수밖에 없습니다.

스트레스

스트레스도 혈당 스파이크를 일으킬 수 있습니다. 우리가 스트레스를 받을 때, 몸은 이를 대처하기 위해 코르티솔(부신 피질에서 분비되는 스트레스 호르몬)과 아드레날린(교감 신경을 흥분시키고 혈당량의 증가를 일으키는 호르몬)과 같은 스트레스 호르몬을 분비합니다. 이 호르몬들은 신체에 에너지를 공급하기 위해 혈당을 올려요. 마치 몸이 '위험에 대비하라'고 신호를 보내는 것처럼요.

이 과정은 단기적으로는 우리가 스트레스 상황에 맞서도록 도와줍니다. 문제는 지속적인 스트레스예요. 스트레스가 계속되면 혈당 변동이 더 빈번해지고, 장기적으로 인슐린 저항성이 생길 가능성이 높아지며, 대사질환의 위험도 커집니다. 실제로 연구를 통해 지속적인 스트레스가 혈당 조절을 방해하고 대사 문제로 이어질 수 있다고 밝혀졌습니다.

연속 혈당 측정기를 착용하던 때였어요. 사춘기 중학생 아들과 말다툼을 하다가 순간 화가 머리끝까지 났는데 아무것도 먹지 않았는데도 혈당이 확 치솟더라고요. 스트레스만으로도 우리 몸이 이렇게 민감하게 반응한다는 걸 확실히 알았죠.

이런 현상은 여성들의 생리 기간에도 나타납니다. 생리 중에는 호르몬 변화로 스트레스에 더 예민해지고, 이때 혈당의 변동 폭도 평소보다 커지기 쉽습니다. 결국 스트레스, 호르몬, 혈당은 서로 밀접하게 영향을 주고받는 셈이죠.

수면 부족

수면이 부족해도 혈당 수치에 좋지 않은 영향을 미칩니다. 수면 부족 역시 스트레스 호르몬인 코르티솔과 연관 지어 설명할 수 있어요. 수면의 절대적 양이 부족하거나 질이 떨어지면 피로함을 일시적으로 이기기 위해 우리 몸은 코르티솔을 분비합니다. 그러면 음식을 먹지 않아도 혈당이 올라갑니다. 저 역시 수면의 질과 양을 챙기지 못한 날은 어김없이 공복 혈당이 높았습니다. 잠을 충분히 못자면 매일 스트레스 호르몬이 분비되어 고혈당 상태가 유지될 수 있어요. 이는 혈당 스파이크를 유발하기도 하고 인슐린 저항성으로 이어지기도 합니다.

혈당 스파이크의 증상

가장 흔한 혈당 스파이크 증상은 다음과 같습니다.

식곤증과 피로감

식사 후 갑자기 졸음이 쏟아지고 피곤이 몰려오는 건 혈당 스파이크의 대표적인 증상이에요. 특히 탄수화물이 많은 음식을 먹으면 혈당이 급격히 올랐다가, 이를 낮추기 위해 인슐린이 과다 분비되면서 혈당이 빠르게 떨어져요. 이 과정에서 우리 몸은 많은 에너지를 쓰게 되고, 그래서 자꾸 졸음이 쏟아지고 피로감을 느끼게 됩니다.

눈앞이 침침하고 뻑뻑한 느낌

고탄수화물 음식을 먹고 나면 눈앞이 일시적으로 흐릿해지거나 뻑뻑한 느낌이 들기도 해요. 혈당이 급격히 오르면서 눈의 모세 혈관도 영향을 받는 거죠. 일시적으로 눈앞이 흐려지거나 뻑뻑한 느낌이 들 수 있습니다.

집중력 저하

혈당이 급격히 오르내리면 집중이 안 되고 마치 안개가 낀 것처럼 머릿속이 몽롱해지는 현상을 겪기도 해요. 이런 상태를 '브레인 포그'라고 하는데 점심 식사 후 유독 공부에 집중이 되지 않거나 업무에 집중할 수 없고 멍한 기분이 지속된다면 혈당 스파이크를 의심해 보세요.

기분 변화

흔히 하는 말로 에너지가 떨어지면 "당 떨어졌다"라고 말하며 "당 충전이 필요해"라고 말씀하는 분들 많으시죠? 그래서 혈당을 일시적으로 급상승시켜 주는 고탄수화물 음식을 찾게 되고 이런 음식을 먹으면 일시적으로 기분이 좋아지죠. 그러나 혈당이 다시 치솟고, 치솟은 혈당을 낮추기 위해 인슐린이 과다 분비되면서 혈당이 뚝 떨어집니다. 이 과정에서 일시적 행복감 이후 따라 오는 기분의 급락과 감정 기복이 심해져서 짜증이 나고 우울감이 들기도 합니다.

두통

두통 역시 흔히 겪는 혈당 스파이크 증상 중 하나입니다. 혈당이 급격히 올라가거나 떨어질 때, 혈관과 호르몬에 변화가 생기면서 두통이 발생합니다. 혈당이 높은 상태일 때 우리 몸은 혈액 속의 과도한 포도당을 제거하려고 호르몬을 분비하는데 이 과정에서 혈관이 수축하거나 뇌 혈류에 영향을 주어 두통이 생깁니다.

공복감

"돌아서면 배가 고프다"라는 말을 흔히들 하죠. 성장기 아이들이 아닌데도 식사한 지 얼마 되지 않아서 배가 고프고, 뭔가를 먹고 싶은 느낌이 드는 것 또한 혈당 스파이크의 증상일 수 있어요. 특히 탄수화물이나 당이 많은 음식을 먹은 이후에요. 혈당이 급격히 올라가고 인슐린이 대량 분비되면서 혈당이 뚝 떨어지며 저혈당에 가까운 상태가 되기도 해요. 이 과정에서 몸은 다시 에너지가 필요해져 배고픔을 느끼게 됩니다.

단 음식에 대한 욕구

혈당이 급격하게 올랐다가 다시 급격하게 떨어지면 단 음식에 대한 욕구가 생깁니다. 이는 몸이 빠르게 에너지를 보충하려고 쉽게 흡수되는 당분을 찾기 때문인데요, 앞서 설명한 공복감 증상과 일맥상통해요. 이때 고탄수화물 위주의 음식을 먹으면 또다시 혈당 스파이크가 발생하는 악순환이 이어집니다.

반응성 저혈당

반응성 저혈당 역시 공복감과 단 음식에 대한 욕구와 관련된 증상이에요. 어지러움, 피로감, 갑작스러운 하품이 계속되고 구토감 같은 증상이 나타날 수 있죠. 언뜻 살펴보면 급체 증상과 비슷하기도 한데요, 반응성 저혈당이 심할 땐 의식을 잃고 기절할 수도 있습니다.

저도 몇 년 전, 가족과 함께 크리스마스를 맞이해 고급 레스토랑에 갔을 때 이런 심각한 경험을 한 적이 있어요. 당시 저는 엄격한 키토제닉ketogenic을 하고 있을 때라 평소 탄수화물 섭취량이 극히 적은 상태였고 탄수화물에 대한 민감도가 매우 높은 몸상태였죠.

샐러드 전채 요리부터 시작해 스테이크와 같은 메인 요리를 먹을 때까진 괜찮았지만 코스 요리로 나오는 음식들을 먹다 보니 평소보다 과식하게 됐어요. 과식 자체가 혈당 스파이크를 일으킬 수 있는데 마지막 디저트로 나온 초코케이크 한 조각까지 다 먹어 버렸어요. 그리고 30분도 채 되지 않아 하품이 쏟아지고 머리가 핑핑 돌기 시작하며 어지럽고 손이 떨리면서 구토감까지 몰려왔어요. 급하게 화장실로 달려가는데 갑자기 눈앞이 하얘지면서 털썩 주저앉아 버렸지요. 다행히 벽을 붙잡은 채 간신히 버텼고 뒤따라온 딸이 붙잡아 주지 않았다면 그 자리에서 기절했을 거예요. 그렇게 저는 심각한 반응성 저혈당을 겪은 이후로 다시는 초코케이크 한 조각을 한 번에 다 먹는 일은 하지 않겠다고 결심했답니다.

혈당에 관한 잘못된 오해

당뇨병 질환자가 아니면 혈당 스파이크는 일어나지 않는다?

많은 분이 혈당 스파이크는 당뇨병 환자에게만 생기는 일이라고 생각하는데, 사실은 그렇지 않습니다. 당뇨병이 없는 건강한 사람도 단 음식이나 탄수화물을 한꺼번에 많이 먹으면 혈당이 급격히 올라가요. 보통은 우리 몸이 혈당 조절을 잘해서 금방 정상으로 돌아오지만, 당분을 너무 많이 섭취했을 때 췌장에서 인슐린을 대량으로 분비합니다. 결국 혈당 스파이크가 자주 일어나면 아무리 건강한 사람이라도 췌장에 무리가 가게 됩니다.

간헐적 단식은 무조건 혈당 관리에 좋다?

간헐적 단식의 건강상 이점은 많습니다. 장시간 공복을 유지하는 동안 인슐린의 분비를 최대한 억제함으로써 혈당이 낮게 유지되고 우리 몸속 에너지원을 탄수화물이 아닌 지방으로 사용하도록 하는 거죠. 인슐린 저항성도 개선할 수 있습니다.

그렇지만 무조건 모든 사람에게 좋다고 할 수는 없어요. 사람에 따라서는 장시간 공복을 유지하는 동안 혈당이 너무 낮아져 오히려 어지러움이나 피로를 느낄 수도 있거든요. 저도 키토제닉을 했을 땐 매일 16~18시간까지 공복을 유지했는데 일정 시간이 지나면 오히려 혈당이 오르는 양상이 나타났습니다.

또한 간헐적 단식을 할 때 중요한 것은 긴 공복 후 첫 끼니를 어떤 음식으로 먹느냐예요. 그에 따라 하루 종일 혈당이 안정적이거나 불안정할 수 있습니다. 공복 시간이 길어질수록 몸은 탄수화물에 더욱 민감해져서 첫 끼니에 탄수화물을 많이 섭취하거나 바로 탄수화물부터 먹게 되면 혈당이 급격하게 상승합니다.

그래서 간헐적 단식은 첫 끼니일수록 채소 섬유질을 먼저 섭취해 혈당의 급격한 상승을 막아야 합니다. 또한 시리얼이나 과일주스, 빵, 잼 등의 체내 흡수 속도가 빠른 정제 탄수화물보다는 천천히 흡수되는 복합 탄수화물을 먹는 것이 좋습니다.

노 밀가루, 글루텐 프리, 비건이면 혈당 관리에 좋다?

밀가루를 먹지 않거나 글루텐 프리, 비건 식단을 하면 무조건 혈당 관리에 좋을 거로 생각하는 분들이 많은데 이는 잘못된 생각이에요. 이와 같은 식단이 건강에 도움이 되긴 하지만, 혈당은 결국 먹는 탄수화물의 종류와 양에 따라 오르내리기 때문에 다른 문제죠.

노 밀가루 No-Flour

밀가루는 대표적인 정제 탄수화물이에요. 따라서 밀가루를 먹지 않으면 혈당 관리에 도움이 될 순 있겠죠. 하지만 밀가루를 대체한 다른 정제 탄수화물을 먹는다면 결과는 달라집니다. 예를 들어, 도정이 많이 된 흰 쌀밥 한 공기나 쌀국수 한 그릇은 혈당 스파이크를 일으키기 쉽습니다. 결국 중요한 것은 밀가루 자체보다는 탄수화물의 종류와 섭취량입니다.

글루텐 프리 Gluten-Free

글루텐은 밀, 보리, 호밀과 같은 특정 곡물에 포함된 단백질이에요. 글루텐이 장내 유익균과 유해균의 균형을 깨뜨리고 민감하게 만들 수 있기에 요즘 글루텐 프리 식단이 유행이기도 해요. 특히 글루텐 불내증이 있거나 셀리악병(장 내 영양분 흡수를 저해하는 글루텐에 대해 감수성이 증가하여 나타나는 알레르기 질환) 환자라면 글루텐 프리 식단은 필수적입니다. 하지만 글루텐 프리 제품이 혈당 관점에서 반드시 좋은 것은 아니에요. 왜냐하면 글루텐 프리 제품에는 여전히 정제 탄수화물(쌀가루, 현미 가루 등)이 포함된 경우가 많아 혈당에 미치는 영향이 밀가루 제품과 다를 바 없기 때문이죠. 그리고 글루텐 프리 제품 중에는 온갖 합성 첨가물이 들어간 초가공식품인 경우도 많아 오히려 건강에 좋지 않을 수 있습니다.

비건Vegan

비건 식단은 동물성 제품을 사용하지 않는 식단입니다. 비건 식단이 건강식으로 인식되기도 하지만 마케팅인 경우가 많아요. 비건 식단 역시 혈당 관리에 도움이 된다는 보장은 없습니다. 비건 식단은 동물성 단백질과 지방의 섭취를 금하기 때문에 오히려 고탄수화물 식단이 되기 쉽습니다. 과일의 섭취를 권장해서 단순당인 과당을 많이 섭취하게 되고 남는 과당은 고스란히 간에 지방으로 저장됩니다. 그뿐만 아니라 시중에 판매하는 비건 제품의 전 성분을 살펴보면 현미와 쌀가루로 만든 정제 탄수화물이 대부분이고 비건 빵의 경우 빵을 부풀리기 위해 활성 글루텐을 첨가하는 경우가 많아요.

따라서 혈당 관리에 있어서는 특정 식단의 유형을 따르기보다는 전체적인 영양 구성을 고려하는 것이 중요합니다. 탄수화물의 종류와 양, 식품의 가공 정도 등이 혈당에 미치는 영향을 잘 이해해야 해요. 균형 잡힌 영양소와 식품의 질을 우선시하는 것이 진정한 혈당 관리를 위한 핵심입니다.

저칼로리 음식이면 모두 괜찮을까?

저칼로리 음식이 혈당 관리에 도움이 된다는 것 또한 흔한 오해 중 하나입니다. 저칼로리라도 당분이 많이 포함되어 있으면 혈당을 급격히 올립니다. 예를 들어 다이어트 단백질 바나 시리얼 바와 같은 저칼로리 간식 중에는 성분표를 살펴보면 설탕이 많이 들어가기도 해요. 이런 제품은 칼로리는 낮더라도 당분 함량이 높아서 혈당을 급격히 올립니다.

자연식품 중 바나나, 고구마와 같은 음식도 예로 들어 볼게요. 바나나는 비타민 C, 비타민 B6, 식이섬유, 칼륨 등 다양한 영양소를 포함하지만 당분 함량이 높아 혈당을 빠르게 올려요. 고구마는 식이섬유가 풍부한 복합 탄수화물이지만 결국 탄수화물이기 때문에 많이 섭취하면 혈당이 급상승합니다. 특히 군고구마의 혈당 상승치는

놀라울 정도예요. 결국 저칼로리 음식이라도 당분 함량을 꼭 확인해야 하고 혈당에 어떤 영향을 미치는지 생각해야 해요. 혈당 관리에서는 단순히 칼로리만 볼 것이 아니라 당분과 탄수화물의 질도 신경 써야 합니다.

혈당 관리는 건강한 식사와 생활 습관으로부터

혈당 관리 식단, 이것만은 지키자

하루의 첫 끼니를 건강하게 시작하자

요즘은 간헐적 단식이 유행이라 하루의 첫 끼니가 이른 아침인 분도 점심 식사가 첫 끼니인 분도 많을 거예요. 간헐적 단식을 하든 하지 않든 하루를 시작하는 첫 끼니를 건강하게 시작하는 것이 중요합니다.

야식을 먹지 않는다는 전제하에 오후 6~7시경 저녁 식사를 먹는다면 아침까지 최소 12시간 정도의 긴 공복 상태가 유지됩니다. 우리 몸은 공복 상태가 길어지면 언제든 영양소를 완전히 흡수할 준비 태세를 하고 있어요. 이 상태에서 첫 끼니를 흡수 속도가 빠른 시리얼, 빵, 주스 등의 정제 탄수화물을 먹는다면 같은 양의 같은 음식을 먹더라도 평소보다 훨씬 혈당이 높이 치솟는 혈당 스파이크가 일어납니다.

그러면 종일 혈당이 불안정하고 식욕 조절도 잘되지 않고 컨디션도 떨어지기 마련이에요. 그러므로 첫 끼니는 설탕이 많이 들어간 음식과 정제 탄수화물을 피하고 단백질과 섬유질이 풍부한 식품을 선택하세요. 삶은 달걀 한 개를 먹거나 섬유질이 풍부한 샐러드 한 접시, 그릭 요거트에 혈당을 자극하지 않는 블루베리와 견과류를 더한 식사도 좋고요. 이러한 식사는 하루 동안의 혈당 변동을 줄여 혈당을 안정시키고 포만감을 유지해 이후 식사 시 과식을 방지합니다.

먹는 순서를 달리하면 같은 음식을 먹어도 혈당이 덜 오른다

음식 섭취 순서도 중요합니다. 같은 구성, 같은 양의 음식을 먹더라도 먹는 순서에 따라 혈당 변동 폭이 크게 달라지거든요. 먼저 채소와 단백질을 섭취한 후 지방과 함께 탄수화물을 먹으면 혈당이 완만하게 올라갑니다.

『식사가 잘못됐습니다』와『글루코스 혁명』과 같은 책에 따르면, 식사 순서를 바꿨을 때 같은 음식을 섭취하더라도 혈당 반응이 크게 달라진다는 것을 알 수 있어요. 샐러드와 단백질을 먼저 먹고 지방과 함께 탄수화물을 먹으면 혈당이 훨씬 덜 오르는 결과를 보여 줍니다. 저 또한 음식을 먹고 혈당 체크를 해 보니 이를 확인할 수 있었어요.

『글루코스 혁명』에서는 먹는 순서를 바꾸는 단순한 방법을 혈당 관리에 큰 효과를 볼 수 있는 전략으로 소개합니다. 예를 들어, 채소의 풍부한 섬유질이 장에 그물망을 치게 되고 이후 먹는 탄수화물의 흡수 속도를 늦춰준다는 원리입니다.

앞으로 식사할 땐 채소 먼저 먹고 단백질과 지방을 먹고 마지막에 탄수화물을 먹는, 채소 ▶ 단백질 ▶ 탄수화물 순서의 '거꾸로 식사법' 또는 '채단탄 식사법'을 기억하세요.

정제 탄수화물과 액상 과당 등의 단순당 섭취를 줄이자

흰쌀, 흰 빵, 퀵오트 등의 정제 탄수화물과 설탕, 액상 과당이 들어간 음료수 등의 단순당 섭취를 줄이세요. 대신 통곡물, 채소 또는 당 지수가 낮은 과일 등의 복합 탄수화물로 식사하세요. 정제 탄수화물을 줄이기 위해 다음과 같은 식재료로 식사를 구성해 보세요.

· 흰쌀 대신 발아 현미나 퀴노아, 병아리콩

· 흰 빵 대신 통밀빵, 호밀빵

· 망고, 멜론, 포도 대신 적당량의 블루베리, 키위, 딸기 등의
  과일

· 설탕이 들어간 음료 대신 물과 차

식사 구성은 이렇게

혈당 관리를 위한 식사 구성 어떻게 하면 좋을까요? 채소를 통
해 섬유질을 충분히 섭취하면서도 탄수화물과 단백질, 지방을 고루
갖추어야 균형 잡힌 식사를 할 수 있을 텐데요. 미국 당뇨병협회(ADA
American Diabetes Association)와 대한당뇨병학회의 권장 사항을 비교해
보다가 재미있는 점을 발견했어요.

플레이트 메소드

ADA에서는 시각적으로 매우 직관적인 '플레이트 메소드Plate Method'를 제시합니다. 23cm 접시를 세 부분으로 나눕니다. 접시의 절반은 브로콜리, 시금치, 양배추와 같은 섬유질이 풍부하고 탄수화물이 적은 비전분성 채소로 채우고, 나머지 반쪽의 ½은 통곡물, 고구마, 감자 같은 복합 탄수화물로, 나머지 ½은 닭가슴살이나 두부, 달걀 등의 단백질로 채우는 거예요.

대한당뇨병학회의 식사 구성과 비율은 좀 더 복잡합니다. 한식 문화에 맞춰 밥그릇, 국그릇, 반찬 그릇으로 구성해 열량을 기준으로 제시해요. 총 열량의 50%를 탄수화물, 20%를 단백질, 30%를 지방으로 구성하는 식단을 권장합니다.

저는 끼니마다 열량을 일일이 계산하는 방법은 너무 번거롭더라고요. 게다가 대한당뇨병학회에서 제시하는 탄수화물 양이 총 열량의 50%를 차지하기 때문에 육체 노동이 적고 움직임이 적은 현대인의 생활 습관을 고려하면 과하다는 생각이 듭니다.

그래서 저는 직관적인 플레이트 메소드로 식사 구성을 합니다. 비전분성 채소 2 : 탄수화물 1 : 단백질 1의 비율로 구성하고 여기에 지방을 적당히 추가하는 거죠. 이렇게 하면 혈당 관리도 되고 살도 자연스럽게 빠져 건강한 체중이 유지됩니다.

대한당뇨병학회에서 제안하는 식사 구성

식품군	아침	점심	저녁
곡류군	잡곡밥 ⅔공기(140g)	조밥 1공기(210g)	흑미밥 1공기(210g)
어육류군	• 연두부 150g	• 스테이크볶음 40g • 오징어초무침 50g	• 돈육고추잡채 40g • 동태전 50g
채소군	• 콩나물국 70g • 미역줄기볶음 35g • 나박김치 35g	• 들깨팽이버섯탕 • 스테이크볶음 • 오징어초무침에 포함된 채소 • 연근조림 40g • 청경채나물 70g	• 근대된장국 70g • 마늘쫑볶음 40g
지방군	• 식용유 1작은스푼(5g) - 미역줄기볶음 조리용	• 들깨가루 4g • 식용유, 참기름 1작은스푼(5g) - 연근조림, 청경채나물 조리용	• 식용유 1.5작은스푼(7.5g) - 동태전, 마늘쫑볶음 조리용
우유군		간식으로 드세요 우유 1컵(200cc) 두유 1컵(200cc)	
과일군		간식으로 드세요 사과 ⅓개(80g) 딸기 150g	

[출처: 대한당뇨병학회]

실천 방법은 간단합니다. 아래는 제가 먹는 식사 구성입니다. 우선 식사 접시를 사 등분 하세요. 절반은 채소로 가득 채웁니다. 남은 절반의 ½은 단백질로 채워요. 근육 유지와 혈당 안정에 중요하답니다. 나머지는 복합 탄수화물로 채워요. 한식 위주의 식사를 할 때도 마찬가지입니다. 나물과 채소 반찬의 비율을 늘리고 밥의 양을 평소보다 절반으로 줄이세요. 여기에 적당량의 고기나 생선, 달걀, 두부를 추가하면 됩니다.

식후에는 움직일 것

식사 후 혈당 관리에 가장 나쁜 행동은 가만히 앉아 있는 것입니다. 혈당은 숟가락을 놓을 때부터가 아니라 입에 음식이 들어가는 순간부터 올라가기 때문에 식사를 끝내자마자 걷기나 가벼운 운동을 하세요. 식후 20분 정도 산책하면 혈당이 안정적으로 유지되고 가볍게 스쿼트를 하는 것도 도움이 됩니다.

저는 식사 후 바로 산책이 힘든 경우에는 실내 스텝퍼를 10분 정도 타거나 홈트레이닝용 기구로 가벼운 하체 운동을 하기도 하고 스쿼트를 하기도 합니다. 이 모든 운동이 힘든 상황이라면 발뒤꿈치를 올렸다 내리는 가자미근 운동을 해요.

혈당 관리 식단을 위한 식재료 고르기

섬유질이 풍부한 식품 고르기

섬유질은 소화 흡수 속도가 느리고 혈당이 천천히 오르도록 합니다. 채소에 풍부한 섬유질은 장 건강을 개선하고 포만감을 지속시켜 과식을 방지하는 역할을 해요. 섬유질이 풍부한 식품은 아래와 같아요.

· 통곡물: 귀리, 퀴노아, 현미, 발아 현미
· 콩류: 렌틸콩, 병아리콩, 검은콩
· 채소: 브로콜리, 시금치, 양배추 등

단백질이 풍부한 음식 선택하기

단백질은 혈당 관리의 든든한 조력자예요. 음식을 먹을 때 단백질을 함께 섭취하면 탄수화물의 소화 속도가 늦춰져서 혈당이 천천히 오르게 되죠. 또 포만감이 오래 유지되어서 불필요한 간식을 찾게 되는 일도 줄어들고요.

단백질이 풍부한 닭가슴살, 두부, 생선, 달걀, 견과류 등을 매끼 식사에 넣으세요. 특히 아침에 단백질을 충분히 섭취하면 하루 종일 혈당이 안정적으로 유지됩니다. 탄수화물 위주의 식사를 할 때도 단백질 반찬을 곁들이면 혈당 스파이크를 크게 줄일 수 있답니다.

지방을 한 스푼 더해 주기

건강한 지방은 식사 후 혈당 상승을 완화하는 데 도움을 줍니다. 예를 들어, 샐러드에 아보카도, 올리브오일, 견과류 등을 추가해 보세요. 식후 혈당이 훨씬 안정적일 거예요. 연구에 따르면 식사에 건강한 지방을 포함하면 탄수화물의 소화 속도를 늦춰서 혈당의 급격한 상승을 방지하고 혈당 스파이크를 완화하는 데 효과적입니다. 이는 지방이 소화되면서 음식이 위에서 오래 머물게 해 포도당이 천천히 흡수되도록 돕기 때문입니다.

건강한 지방은 음식의 맛을 더해 주어 식사 만족도를 높이고 포만감을 지속시켜 과식을 방지하는 데도 중요한 역할을 합니다.

혈당 지수와 혈당 부하 지수가 낮은 식품 선택하기

혈당 관리를 위해서는 식단 조절이 필수예요. 그래서 우리가 먹는 음식이 혈당에 어떻게 영향을 미치는지 이해하면 더 건강한 선택을 할 수 있답니다. 그 예로 혈당 지수(GI: Glycemic Index)와 혈당 부하 지수(GL: Glycemic Load)가 있어요. 지수를 외울 필요는 없지만 어느 정도 혈당에 영향을 미치는지 대략 파악해서 식단을 구성할 때 참고해 보세요.

혈당 지수란?

혈당 지수는 우리가 먹는 음식이 혈당을 얼마나 빠르게 올리는지를 나타내는 지표예요. 숫자가 높을수록 혈당을 빨리 올리는 음식이고 숫자가 낮을수록 천천히 올리는 음식이죠. 혈당 지수는 0에서 100까지 나타내며 포도당(설탕) 100을 기준으로 합니다.
· 70 이상의 높은 GI: 혈당을 빨리 올리는 음식
· 56~69의 중간 GI: 적당히 올리는 음식
· 55 이하의 낮은 GI: 천천히 올리는 음식

예를 들어 당이 든 음료, 디저트류, 흰 빵과 흰밥은 혈당 지수가 높아서 섭취 후 혈당이 빨리 올라가요. 반면 콩류, 탄수화물이 적은 채소, 통곡물은 혈당 지수가 낮아서 혈당이 천천히 올라갑니다. 과일 중에서도 사과, 키위, 블루베리는 혈당 지수가 낮고 망고, 포도, 바나나, 멜론 등은 혈당 지수가 높아 혈당이 빠르게 올라갑니다. 그뿐만 아니라 식품의 혈당 지수 값은 조리법과 섭취 방법에 따라 달라질 수 있다는 점도 신경 써야 해요. 가령 고구마를 찌거나 삶는 것보다 구우면 혈당 지수가 높아져 혈당이 올라가는 속도가 빨라집니다.

혈당 부하 지수란?

혈당 부하 지수는 식품의 혈당 지수와 식품에 포함된 탄수화물 양, 통상적인 1회 섭취량을 고려해서 실제로 혈당에 얼마나 영향을 주는지 나타내는 지표예요. 혈당 지수만 따졌을 때 놓치기 쉬운 오류를 고려해 좀 더 실용적이라 할 수 있어요.

· 20 이상의 높은 GL: 혈당에 큰 영향을 주는 음식
· 11~19의 중간 GL: 중간 정도 영향을 주는 음식
· 10 이하의 낮은 GL: 혈당에 적은 영향을 주는 음식

예를 들어, 수박은 혈당 지수가 높지만 한 조각(약 150g)만 먹을 경우 혈당 부하 지수는 낮아서 혈당에 큰 영향을 주지 않을 수도 있어요. 반면에 현미는 혈당 지수는 낮지만 밥 한 공기를 다 먹으면 혈당 부하 지수가 높아져서 혈당에 영향을 줄 수 있고요.

식재료별 혈당 지수, 혈당 부하 지수 값

곡물 및 밥

식품명	1회 제공량	혈당 지수 (GI)	혈당 부하 지수(GL)	비고
흰쌀밥	210g(1공기)	73	30	높은 GI, 높은 GL
현미밥	210g(1공기)	50	23	중간 GI, 높은 GL
발아 현미밥	210g(1공기)	54	24	중간 GI, 높은 GL
찹쌀밥	210g(1공기)	85	35	높은 GI, 높은 GL
보리밥	210g(1공기)	44	20	낮은 GI, 높은 GL
율무	100g	35	7	낮은 GI, 낮은 GL
수수밥	210g(1공기)	48	19	낮은 GI, 중간 GL
퀴노아	150g(¾컵)	53	13	중간 GI, 중간 GL
렌틸콩	200g(1컵)	32	5	낮은 GI, 낮은 GL
병아리콩	200g(1컵)	28	8	낮은 GI, 낮은 GL
귀리	150g	55	12	중간 GI, 중간 GL
오트밀	250g(1컵)	55	13	중간 GI, 중간 GL
흰죽	300g(1공기)	78	25	높은 GI, 높은 GL
팥	200g(1컵)	25	7	낮은 GI, 낮은 GL

곡물류의 혈당 지수와 혈당 부하 지수 특징을 알기 쉽게 정리해 보겠습니다. 가장 기본이 되는 흰쌀밥을 기준으로 보면, 찹쌀밥은 더 높은 수치를, 현미밥과 발아 현미밥은 더 낮은 수치를 보입니다. 특히 찹쌀밥은 일반 백미보다도 혈당 지수가 높아서 혈당 상승이 더 빠르다는 점을 주의해야 해요.

잡곡은 대체로 혈당 지수가 낮은 편이에요. 보리밥과 수수밥은 백미에 비해 확연히 낮은 수치를 보이고, 율무는 더욱 낮답니다. 콩류는 가장 낮은 혈당 지수를 보이는 군으로, 렌틸콩, 병아리콩, 팥 모두 혈당 상승이 매우 완만해요. 퀴노아와 귀리, 오트밀은 중간 정도의 혈당 지수를 보이지만 혈당 부하 지수가 비교적 낮아서 섭취량을 조절하면 급격한 혈당 상승은 피할 수 있어요.

주목해야 할 부분은 바로 흰죽인데요. 흰죽의 경우 무게의 상당량이 수분임에도 혈당 지수와 혈당 부하 지수가 모두 매우 높습니다. 쌀을 오랫동안 끓이는 과정에서 전분이 다 풀어져서 소화 흡수가 매우 빠르기 때문이에요.

면류

식품명	1회 제공량 (건면/조리 후)	혈당 지수 (GI)	혈당 부하 지수(GL)	비고
듀럼밀 파스타 (알덴테)	80g/200g	45	11	낮은 GI, 중간 GL
듀럼밀 파스타 (완전 조리)	80g/200g	61	15	중간 GI, 중간 GL
현미 파스타	80g/200g	51	13	중간 GI, 중간 GL
렌틸콩 파스타	80g/200g	32	6	낮은 GI, 낮은 GL
소면/우동	80g/200g	73	24	높은 GI, 높은 GL
메밀면(순메밀 100%)	80g/200g	54	14	중간 GI, 중간 GL
메밀면(밀가루 혼합)	80g/200g	67	18	중간~높은 GI, 중간 GL
당면(고구마 전분)	50g/150g	62	20	중간 GI, 높은 GL
쌀국수	80g/200g	61	20	중간 GI, 높은 GL

면류의 혈당 지수와 부하 지수를 살펴보면 몇 가지 흥미로운 특징이 있어요. 일반적으로 생각하는 것과 달리, 파스타는 다른 면류에 비해 혈당 지수가 낮은 편입니다. 특히 듀럼밀 파스타를 알덴테로 조리했을 때는 혈당 지수가 꽤 낮답니다. 다만 완전히 익히면 올라가니 조리 시간이 길지 않도록 해야 합니다.

정제된 밀가루로 만든 소면이나 우동은 혈당 지수가 73으로 높아요. 반면 메밀면은 순수 메밀로 만들면 54로 상대적으로 낮지만, 밀가루를 섞으면 67까지 올라가서 원재료 확인이 꼭 필요합니다.

최근 인기 있는 대체 면류도 좋은 선택입니다. 현미 파스타는 식이섬유가 풍부해서 혈당 지수가 51로 적당하고, 렌틸콩 파스타는 32로 가장 낮아요. 특히 렌틸콩 파스타는 탄수화물은 적고 단백질은 많아서 혈당 관리에 도움이 됩니다.

저칼로리 음식으로 인식되는 당면과 쌀국수는 혈당 지수가 비교적 높은 편이고 1회 섭취량을 고려하면 혈당 부하 지수가 높습니다.

채소

식품명	1회 제공량	혈당 지수 (GI)	혈당 부하 지수(GL)	비고
감자	250g (중간 크기 1개)	45	14	낮은 GI, 중간 GL
찐 감자	250g (중간 크기 1개)	53	16	중간 GI, 중간 GL
구운 감자	250g (중간 크기 1개)	90	28	매우 높은 GI, 높은 GL
고구마	260g (중간 크기 1개)	48	16	낮은 GI, 중간 GL
찐 고구마	260g (중간 크기 1개)	70	28	높은 GI, 높은 GL
군고구마	260g (중간 크기 1개)	90	35	매우 높은 GI, 매우 높은 GL
단호박	200g(¼개)	75	15	높은 GI, 중간 GL
당근	200g (중간 크기 1개)	35	4	낮은 GI, 낮은 GL
옥수수	250g(1개)	52	20	중간 GI, 높은 GL
토마토	200g(1개)	38	3	낮은 GI, 낮은 GL
브로콜리	100g(3~4송이)	15	1	낮은 GI, 낮은 GL
양배추	100g(3~4 조각)	15	1	낮은 GI, 낮은 GL
오이	100g(½개)	15	1	낮은 GI, 낮은 GL
파프리카	100g(½개)	15	1	낮은 GI, 낮은 GL

채소류의 혈당 지수와 혈당 부하 지수도 살펴보겠습니다. 가장 눈에 띄는 것은 조리 방법에 따른 차이입니다. 감자와 고구마 모두 생 것일 때는 혈당 지수가 낮지만, 찌게 되면 매우 높아지고 구우면 90까지 치솟아요. 특히 군고구마의 경우 수분이 증발하면서 당분이 농축되고 전분이 당화되면서 혈당 지수가 매우 높아지는 거죠.

전분이 많은 채소 중에서도 단호박은 혈당 지수가 75로 꽤 높습니다. 옥수수는 혈당 지수가 52로 중간 정도지만, 1개(250g)를 먹으면 혈당 부하 지수가 20으로 높아져서 주의가 필요합니다. 반면에 브로콜리, 양배추, 오이, 파프리카 같은 일반 채소들은 혈당 지수와 부하 지수가 매우 낮아서 걱정 없이 충분히 먹을 수 있죠.

결론적으로 채소 선택과 조리 방법에 따라 혈당 영향은 크게 달라집니다. 특히 감자나 고구마를 구워 먹을 때는 혈당 상승이 매우 빠르다는 점을 기억하세요. 혈당 관리를 위해서는 찌는 방법을 선택하고 채소에 따라 섭취량도 반드시 조절하세요.

과일

식품명	1회 제공량	혈당 지수 (GI)	혈당 부하 지수(GL)	비고
체리	120g(10개)	20	3	매우 낮은 GI, 낮은 GL
자몽	120g(½개)	25	3	매우 낮은 GI, 낮은 GL
자두/플럼	50g(1개)	29	2	매우 낮은 GI, 낮은 GL
배	180g(1개)	33	4	낮은 GI, 낮은 GL
사과	120g(1개)	36	5	낮은 GI, 낮은 GL
딸기	120g(8개)	40	1	낮은 GI, 매우 낮은 GL
복숭아	120g(1개)	42	5	낮은 GI, 낮은 GL
오렌지	120g(1개)	40	4	낮은 GI, 낮은 GL
귤	120g(2개)	42	4	낮은 GI, 낮은 GL
감	160g(1개)	50	11	중간 GI, 중간 GL
블루베리	120g(1컵)	53	5	중간 GI, 낮은 GL
망고	120g(1개)	51	8	중간 GI, 낮은 GL
바나나	120g(1개)	51	13	중간 GI, 중간 GL
파인애플	120g(1컵)	66	7	높은 GI, 낮은 GL
수박	200g (삼각형 1조각)	72	7	높은 GI, 낮은 GL

과일의 당은 대부분 과당이에요. 과당은 혈당 지수가 낮은 편이지만 포도당으로 분해되지 않고 바로 간에 지방으로 저장됩니다. 인슐린 저항성도 높일 수 있으므로 양 조절은 필수입니다.

따라서 과일을 먹을 때엔 블루베리나 딸기처럼 혈당 지수가 낮은 과일을 우선적으로 선택하세요. 사과나 바나나는 반 개 이상 먹지 않는 등 한 번에 먹는 양을 조절하세요. 또한 스무디나 주스로 갈거나 착즙한 것보다는 식이섬유가 살아 있는 생과일로 선택해 먹는 것이 좋습니다.

빵 및 디저트

식품명	1회 제공량 (건면/조리 후)	혈당 지수 (GI)	혈당 부하 지수(GL)	비고
호밀빵	60g(2조각)	41	14	낮은 GI, 중간 GL
사워도우	60g(2조각)	53	16	중간 GI, 중간 GL
통밀빵	60g(2조각)	54	14	중간 GI, 중간 GL
크로와상	50g(1개)	67	17	중간 GI, 중간 GL
흰식빵	60g(2조각)	75	24	높은 GI, 높은 GL
베이글	70g(1개)	72	25	높은 GI, 높은 GL
카스테라	40g(1조각)	78	24	높은 GI, 높은 GL
와플	75g(1개)	76	22	높은 GI, 높은 GL

빵류의 혈당 지수와 혈당 부하 지수를 살펴보니 몇 가지 특징이 보여요. 우선 빵의 원재료와 발효 방식에 따라 혈당 영향이 많이 달라진답니다. 호밀빵은 혈당 지수가 41로 가장 낮고, 사워도우나 통밀빵도 53~54 정도로 낮은 편이에요. 이런 빵들은 식이섬유가 풍부하고 천천히 소화되기 때문이죠.

하지만 같은 빵이라도 두 조각을 먹으면 혈당 부하 지수는 14~16 정도로 올라가요. 빵의 주재료가 탄수화물이라서 양이 늘어나면 혈당 영향도 커집니다. 정제된 밀가루로 만든 흰 식빵이나 베이글은 혈당 지수와 혈당 부하 지수 모두 높습니다. 특히 베이글은 크기가 커서 한 개만 먹어도 혈당이 크게 오를 수 있어요. 정제 탄수화물인 밀가루에 설탕까지 들어가는 카스텔라나 와플 같은 디저트류도 마찬가지입니다.

*제시된 혈당 지수와 혈당 부하 지수 수치는 평균적인 값으로, 같은 음식이라도 품종, 익은 정도, 조리 방식, 가공 정도, 개인의 혈당 반응에 따라 달라질 수 있습니다.

가공식품을 고른다면 당 함량과 전 성분을 확인하기

식사에서 가공식품을 완전히 배제하기란 현실적으로 어렵습니다. 대신 가공식품을 선택할 때는 라벨을 꼼꼼히 읽어 1회 제공량당 탄수화물의 양과 설탕은 얼마나 들어갔는지, 불필요한 성분이 없는지 확인해야 합니다. 정제가 많이 되고 화학 첨가물이 많이 들어간 초가공식품은 인슐린 저항을 높인다는 연구 결과가 많습니다. 저명한 저널리스트이자 작가인 마이클 폴란은『In Defense of Food: An Eater's Manifesto』에서 "할머니가 음식이라고 인식할 수 없는 것은 먹지 말라"고 말했습니다. 또한 "식품 라벨에 5개 이상의 원재료가 있거나 발음하기 어려운 성분이 있다면 피하라"고 조언했습니다. 누가 읽어도 알 수 있을 만한 원재료만이 들어간 가공식품은 믿고 먹을 수 있어요. 건강한 선택을 위해서 원재료와 영양 성분표를 잘 살펴보는 습관을 길러 보세요. 가공식품을 선택할 때 다음을 주의하세요.

- 영양 정보에서 설탕 함량이 높은 식품 피하기
- 원재료명을 읽었을 때 이해하기 어려운 화학 물질이 들어간 제품은 피하기
- 가능하면 원재료 5개 이하로 최소한의 가공이 된 식품을 선택하기

영양 정보에서 당질 확인하는 방법

다음은 아침 식사로 많이 먹는 시리얼의 영양 정보입니다.

영양 정보	총 내용량 500g **100g 당 415kcal**	
100g 당		1일 영양 성분 기준치에 대한 비율
나트륨	310mg	16%
탄수화물	76g	23%
식이섬유	1.5g	6%
당류	22g	22%
지방	6.9g	13%
트랜스지방	0g	
포화지방	2.4g	16%
콜레스테롤	0mg	0%
단백질	13g	24%

1회 섭취량 주의

총 내용량은 500g인데 1회 섭취량은 100g 기준입니다. 실제 1회 섭취량은 이보다 적을 수 있지만, 대부분 100g 이상을 섭취하기 쉬워 주의가 필요합니다.

탄수화물 함량

100g낭 탄수화물이 76g입니다. 밥 한 공기가 대략 210g일 때 탄수화물은 70~80g입니다. 이와 비교하면 굉장히 탄수화물 양이 많다는 점을 알 수 있어요. 이는 매우 높은 수치로 혈당에 큰 영향을 끼칩니다.

당류

100g당 22g의 당류가 포함되어 있습니다. 이는 전체 탄수화물의 약 29%를 차지합니다. 첨가당과 자연당의 구분이 없어 정확한 판단은 어렵지만, 그래놀라 제품 특성상 상당량이 첨가당일 가능성이 높아요.

식이섬유

100g당 1.5g으로 탄수화물 함량에 비해 매우 적습니다.

지방과 단백질

지방 6.9g과 단백질 13g이 어느 정도 포함되어 탄수화물의 흡수를 약간 늦출 수 있지만, 탄수화물과 당류의 양에 비하면 그 효과는 제한적일 것입니다.

혈당 관리를 위해서는 총 탄수화물에서 식이섬유를 제외한 순 탄수화물에서도 당류와 첨가당을 모두 고려해야 해요. 모든 식품에

첨가당을 표시하는 것이 의무는 아니라서 정확히 알 수 없지만, 당류가 높을수록 그중 첨가당이 높을수록 혈당이 급상승합니다. 따라서 이러한 당류와 첨가당은 최소화하고 식이섬유가 풍부한 식품을 선택하세요.

가공식품 뒷면 전 성분 확인하는 방법

제품명	카레 (카레분 9.5% 함유)	식품 유형	카레 (고형 제품)
원재료명	밀가루, 식물성 유지(팜유, 경화유채유), 소금, 카레분 9.5%(강황, 고수, 후추, 쿠민, 호로파), 설탕, L-글루탐산나트륨(향미증진제), 카라멜 색소 I, 후추, DL-사과산, 고춧가루, 마늘, 5'-구아닐산이나트륨, 5'-이노신산이나트륨, 셀러리씨, 겨자 밀 함유		

영양 정보 총 내용량 220g 1070Kcal	총 내용 함량 1일 영양 성분 기준치에 대한 비율			
	나트륨 9150mg	458%	지방 61g	113%
	탄수화물 114g	35%	트랜스지방 0g	
	당류 22g	22%	포화지방 36g	240%
	콜레스테롤 0mg	0%	단백질 16g	29%

1일 영양 성분 기준치에 대한 비율(%)은 2,000Kcal 기준이므로 개인의 필요 열량에 따라 다를 수 있습니다.

'카레' 하면 어떤 이미지가 떠오르나요? 노란빛 나는 강황 때문에 건강에 좋다고 생각하는 분들이 많죠. 하지만 시중에서 파는 카레 제품의 영양 성분표를 자세히 들여다보면 놀랄 거예요.

위의 카레 제품의 원재료명을 보면 밀가루가 첫 번째로 표기되어 있어요. 가장 많은 양이 들어간다는 것이죠. 그다음이 식물성 유지, 그리고 소금, 카레 분말, 설탕 순이에요. 심지어 향미 증진제와 캐러멜 색소까지 들어갔어요.

원재료명은 많이 들어간 순서대로 표기합니다. 그러니까 이 카레 제품에는 카레 분말보다 밀가루와 기름이 더 많이 들어간다는 뜻이죠. 정제 탄수화물인 밀가루가 가장 많이 들어가니 혈당 관리에 좋지 않고, 포화 지방과 오메가 6의 함량이 높아 염증을 일으키고, 인슐린 저항성을 높일 수 있는 식물성 유지류가 많이 포함되어 있어요.

이런 정보를 알면 카레에 관한 생각이 조금 달라지겠죠? 물론 가끔은 맛있게 즐길 수도 있지만 건강을 위해서는 섭취 횟수와 양을 조절하는 게 좋습니다.

혈당 관리나 다이어트 중이라면 특히 주의가 필요해요. 탄수화물 함량이 높기 때문에 혈당을 빠르게 올리고, 고열량으로 인해 체중 증가의 원인이 될 수 있어요.

초가공식품을 배제하고 자연식재료 위주로 고르기

정제 탄수화물과 설탕이 많이 포함된 초가공식품은 혈당을 빠르게 올립니다. 또한 초가공식품은 첨가물과 보존제가 많이 들어 있어 건강에 해롭고 인슐린 저항성을 유발할 수 있으며 체내 염증도 증가시키고요. 영양소가 풍부하고 건강에 도움이 되는 신선한 채소와 통곡물, 육류, 해산물 등의 자연식재료를 선택하도록 하세요.

혈당 관리 식단을 위한
식재료 추천 아이템

저는 되도록 가공식품보다는 자연식재료로 혈당 관리 식단을 준비해요. 채소는 가능하면 무농약 이상 유기농 등의 친환경 채소를 사용하며, 달걀은 난각번호 1번 달걀과 방목 사육해 기른 목초 소고기를 구매합니다. 방목 사육 돼지고기와 닭고기는 공급량이 많지 않고 비싸서 무항생제 이상을 구매하려고 합니다.

가공식품을 최대한 적게 쓰는 자연식재료 집밥을 하다 보면 자연스레 혈당 관리가 됩니다. 하지만 모든 양념과 식재료를 직접 생산하고 만들 수 없는 것도 사실이기에 첨가물과 당분이 최대한 적게 들어간 가공식품과 시판 양념도 때에 따라 적절하게 사용합니다.

요리에 맛을 더 해 줄 양념

엑스트라 버진
올리브오일

자연 발효
식초

생들기름

한식 간장

재래식
고추장

천연 소금

재래 된장

요리술
미온

엑스트라버진 올리브오일

불포화 지방산이 풍부한 엑스트라 버진 올리브오일은 건강한 지방의 대명사로 손꼽힙니다. 유네스코가 선정한 세계에서 가장 건강한 식단인 지중해 식단의 핵심 식재료이기도 하죠. 보통 올리브오일은 가열용으로는 적합하지 않고 생식으로만 사용해야 한다고 생각하는 분들이 많아요. 그렇지만 산패되지 않은 신선한 올리브오일일수록 발연점이 높아 요리 시 가열용으로 사용해도 무방합니다. 샐러드나 요리에 다양하게 활용해 보세요.

자연 발효 식초

혈당 스파이크를 줄여 주는 자연 발효 식초예요. 식전이나 식후 식초 1T를 섞은 물을 마시면 혈당 관리에도 좋다고 하죠. 마시는 물뿐 아니라 새콤한 맛을 내는 무침이나 샐러드드레싱으로도 다양하게 활용합니다.

생들기름

생들기름은 오메가3가 풍부해 혈당과 염증 관리에 도움이 돼요. 고소한 향과 맛으로 참기름을 좋아하는 분이 더 많지만 되도록 생들기름을 권합니다. 참기름은 오메가6의 비율이 높고 생들기름은 오메가3가 풍부합니다. 현대인들은 체내 오메가6의 비율이 이미 상당히 높은 경우가 많아요. 오메가6의 과다 섭취는 염증을 유발할 수 있어 오메가6가 많은 참기름은 피하는 것이 좋습니다.

한식 간장

국산 콩, 소금, 물로만 발효시켜 만든 전통 한식 간장을 사용합니다. 마트에 판매되는 간장은 수입산 콩이 주원료인 경우가 많은데 수입산 콩은 대부분 GMO 콩입니다. 또한 불필요한 당분과 소맥분이 첨가된 제품이 많아요. 한식의 특성상 이러한 간장으로 만든 반찬 서너 가지만 먹더라도 알게 모르게 탄수화물 섭취량이 늘어납니다. 제품 뒷면 라벨을 꼭 확인하고 선택하세요.

재래식 고추장

한식 요리에 많이 사용하는 고추장은 맛있지만, 혈당 관리 시 주의가 필요해요. 전분과 당 함량이 높아 혈당을 빠르게 올릴 수 있거든요. 사용할 때는 소량만 쓰고 가능하다면 직접 만들어 당 함량을 조절하거나 저당질 고추장을 사용하세요. 고추장 대신 고춧가루만 사용하는 것도 방법입니다.

천연 소금

천연 소금에는 미네랄이 풍부해서 우리 몸의 전해질 균형을 맞추는 데 도움을 줘요. 또 적당한 짠맛을 더하면 음식 맛도 한결 살아나죠. 특별히 신장질환이나 건강상의 문제가 있는 것이 아니라면 무염식이나 저염식을 할 필요가 없어요. 다만 몸에 좋은 미네랄은 모두 빼고 나트륨만 남긴 정제 소금은 피하세요.

재래 된장

　한식 간장과 같은 이유로 국산 콩으로 전통 발효 방식을 거쳐 만든 재래 된장만을 사용합니다. 발효 콩으로 만든 전통 된장은 단백질과 유산균이 풍부해요.

요리술 미온

　일반적인 맛술이나 미림은 인공 발효시킨 주정에 정제수, 액상과당, 포도당, 향료 등을 첨가해 만들어요. 반면 미온은 약쑥, 솔잎, 생강 등을 침출시켜 만든 자연 발효 증류주라 달지 않고 화학첨가물이 들어가지 않아 맛이 깔끔합니다. 요리할 때 알코올은 대부분 증발하기 때문에 음식 본연의 맛을 해치지 않으면서도 풍미를 살려 줘요. 건강을 생각하는 요리에 미온을 활용해 보세요. 꼭 미온이 아니더라도 제품 전 성분을 살펴서 화학첨가물과 당분이 포함되지 않은 제품을 구매하세요.

건강함과 입맛을 함께 사로잡을 소스

무첨가
토마토 소스

무첨가
파스타 소스

홀그레인
머스터드

유기농
스리라차 소스

배 농축액

유기농 생강청

발사믹
식초

비정제 원당

무첨가 토마토 소스와 파스타 소스

설탕을 비롯한 첨가물이 들어있지 않은 토마토 소스와 파스타 소스입니다. 라구 소스, 홈 메이드 피자 등을 만들 때 두루두루 사용할 수 있어요. 시판 토마토 소스와 파스타 소스 중에는 설탕과 각종 첨가물이 들어가는 제품이 대다수이니 꼼꼼하게 원재료명을 살펴본 후 토마토, 소금, 허브류만 들어간 제품을 선택하세요.

홀그레인 머스터드

일반 머스터드와 달리 씨앗을 갈지 않고 통 겨자씨로 만든 소스류입니다. 씹는 식감이 좋고 풍미가 진하죠. 샐러드드레싱이나 육류 요리의 양념에 사용하면 맛과 영양을 동시에 높일 수 있어요.

유기농 스리라차 소스

유기농 고추로 만든 매콤한 소스예요. 캡사이신이 풍부해 대사를 촉진하고 혈당 관리에 도움을 줄 수 있어요. 하지만 당 함량을 확인하고 적당히 사용해야 해요. 샐러드드레싱 또는 포케용 소스, 샌드위치에 곁들이기 좋습니다.

배 농축액

정제 설탕 대신 단맛을 추가하기 위해 사용하는 감미료예요. 배를 저온에서 오랫동안 졸여 만든 천연 감미료로 불고기 등의 육류 요리에 사용하면 좋습니다. 설탕 대신 사용 가능한 건강한 대안이 될 수 있지만 당 함량이 높으니, 단맛을 낼 때 소량 사용하세요.

유기농 생강청

배 농축액과 마찬가지로 육류 요리에 사용하면 좋은 천연 감미료입니다. 생강이 들어 있어 육류의 잡내를 잡기에도 좋습니다.

발사믹 식초

발사믹 식초는 포도즙을 발효시켜 오랜 기간 숙성해 만드는 이탈리아 전통 식초입니다. 청포도를 발효시킨 화이트 발사믹과 적포도를 발효시킨 레드 발사믹의 두 가지 종류가 있어요. 샐러드드레싱에 활용해도 좋고 한식에서 간장과 설탕, 식초가 들어가는 음식에 설탕 대신 사용해도 의외로 잘 어울린답니다.

비정제 원당

저는 평소 설탕이 들어가는 음식 자체를 거의 하지 않지만 단맛이 필요한 음식이라면 비정제 원당(머스코바도)를 사용합니다. 알룰로스, 에리트리톨, 스테비아 등의 대체당을 일절 쓰지 않습니다. 대체당이 혈당을 올리지 않고 칼로리가 없다고는 하지만 아직 이에 대한 장기적인 추적 연구가 부족하여 안전성을 신뢰하기 어렵기 때문입니다. 비정제 원당은 사탕수수를 최소한으로 가공한 천연 갈색 설탕으로, 일반 정제 설탕보다 미네랄과 비타민이 풍부해요. 혈당 상승 속도가 정제 설탕보다 느려서 상대적으로 혈당 관리에 유리해요. 하지만 여전히 설탕이므로 과다 섭취는 피해야 합니다.

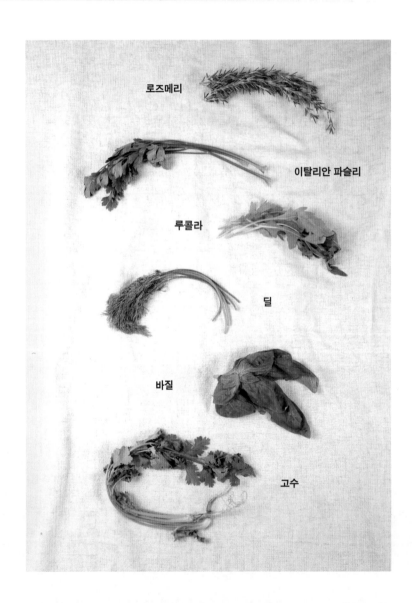

로즈메리

이탈리안 파슬리

루콜라

딜

바질

고수

로즈메리

솔잎처럼 뾰족한 잎이 특징인 로즈메리는 강렬한 향과 맛으로 유명해요. 주로 육류 요리에 많이 쓰이며, 로스트 치킨이나 양고기구이에 넣으면 고기 특유의 누린내를 잡아주고 풍미가 살아납니다. 로즈메리는 뇌신경을 활성화하여 기억력 향상과 집중력을 개선하는 데 도움이 됩니다. 또한 항산화 성분이 풍부해 염증 완화에도 좋다고 합니다. 허브차로 마시거나 올리브오일에 담가 허브 오일을 만들어 사용해 요리의 품격을 올려 보세요.

이탈리안 파슬리

참나물과 비슷하게 생긴 이탈리안 파슬리는 상쾌하고 깔끔한 향이 특징이에요. 넓은 잎에 질감이 부드럽고 요리의 풍미를 은은하게 더해줍니다. 특히 파스타나 수프, 샐러드에 넣으면 요리의 맛을 한층 살려줘요. 비타민 A, 비타민 B12, 비타민 C, 비타민 K뿐 아니라 플라보노이드가 풍부해 항산화 작용이 뛰어나고 각종 미네랄과 해독 작용을 하는 엽록소가 풍부합니다. 요리할 때 마지막에 넣어 향을 살리는 것이 좋습니다.

루콜라

겨자처럼 톡 쏘는 매콤한 맛과 고소한 맛이 특징인 루콜라는 샐러드의 주인공으로 자주 등장하는 허브예요. 피자나 파스타와 같은 이탈리아 요리와 잘 어울리고 미국에서는 '아루굴라^Arugula'라고 부룹니다. 비타민 A, 비타민 B, 비타민 C, 비타민 E가 풍부하고 엽산, 칼륨 등의 미네랄도 풍부해서 항산화 효과가 뛰어납니다. 샐러드 외에도 페스토를 만들거나 샌드위치에 넣어 먹어도 맛있어요.

딜

부드러운 깃털 모양의 잎이 특징인 딜은 상큼하고 달콤한 향이 매력적인 허브예요. 서양에서는 많은 사랑을 받지만, 우리나라에서는 상대적으로 덜 알려져 있어요. 오래전부터 진정 작용에 사용된 약용 식물로써 소화를 돕고 불면증 완화, 구취 제거 등에도 뛰어난 효과가 있다고 합니다. 차지키 소스나 타르타르 소스에 넣으면 상큼한 풍미를 더해 주고, 생선 요리에 곁들이면 비린내를 잡아 줍니다. 연어 요리나 피클에 자주 사용되며 감자샐러드나 오이 요리와도 잘 어울려요.

바질

허브의 제왕이라고도 불리는 바질은 상쾌하고 달콤한 향이 특징이에요. 토마토와 찰떡궁합으로 이탈리아 요리에 빠지지 않는 재료죠. 신선한 잎을 통째로 사용하거나 다져서 페스토를 만들어 파스타에 넣으면 정말 맛있답니다. 바질은 살균 효과와 소염 작용이 뛰어나고 피로회복에도 도움이 됩니다. 또한 스트레스 완화와 소화 촉진에도 좋다고 알려져 있어요. 향이 진해 요리에 조금만 넣어도 풍미가 확 살아나니, 다양한 요리에 활용해 보세요.

고수

    비누 같은 독특한 향과 맛으로 호불호가 갈리는 허브인 고수는 동남아 요리와 멕시코 요리에 빠지지 않는 재료예요. 태국 요리나 베트남 쌀국수에 넣으면 음식의 맛을 한층 끌어올려요. 고수는 방부, 살균, 살충 효과가 뛰어나 요리에 넣으면 음식의 부패를 방지해 주고 소화가 잘되도록 합니다. 생으로 먹거나 페스토를 만들어도 좋고, 각종 소스나 카레에 넣어도 풍미가 올라갑니다.

오레가노

파프리카 파우더

월계수잎

이탈리안 시즈닝

소금

커리 파우더

바질

로즈메리

케이준 시즈닝

시나몬

타임

시나몬 스틱

오레가노

오레가노는 톡 쏘는 듯한 강한 향이 특징이에요. 육류 요리 특히 닭고기에 사용하면 좋은데, 오레가노에 함유된 성분이 고기를 구울 때 생기는 당독소, 즉 최종당화산물(AGEs)을 줄여준다고 해요. 이는 혈당 관리에도 도움이 된답니다. 게다가 항산화 성분이 풍부해 면역력 강화에 도움을 주고 소화를 촉진한다고 알려져 있어요.

파프리카 파우더

달콤하고 약간 매운맛을 요리에 더해 주는 향신료로 음식에 주황색이나 붉은색을 입히는 역할을 합니다. 고기나 생선 요리의 양념으로도 쓰이고 굴라쉬와 같은 고기 스튜를 끓일 때 사용하면 음식의 풍미를 올려 줍니다.

월계수잎

넓고 긴 잎 모양을 가진 월계수잎은 은은하고 풍부한 향이 특징이에요. 주로 고기나 국물 요리에 사용되며 소고기 스튜나 육수, 수육을 할 때 육류의 잡내를 잡아 주고 깊은 맛을 더해줍니다. 잎이 마른 상태에서도 향이 잘 보존되어 한국에서는 신선한 것보다는 주로 건조된 월계수잎을 사용해요.

이탈리안 시즈닝

이탈리아 요리의 풍미를 한 번에 담아낸 혼합 건조 허브예요. 주로 오레가노, 바질, 타임, 로즈메리, 세이지 등을 혼합해 만드는데 이 허브들의 조화로운 배합이 요리에 깊은 맛을 더해 줍니다. 샐러드 드레싱을 만들거나 닭고기나 생선을 구울 때 사용하면 맛있는 허브 구이를 만들 수 있답니다. 각 허브의 장점이 모여 있어 항산화 작용이 뛰어나고 소화를 돕는 데도 좋습니다. 여러 가지 허브를 구매하기 부담스럽다면, 이탈리안 시즈닝으로 다양한 허브의 맛을 한 번에 즐겨 보세요.

소금

소금은 천일염이나 히말라야 암염, 죽염과 같은 천연 소금을 선택하세요. 맛소금, 허브 소금 등의 정제 소금은 미네랄이 모두 제거되어 순수한 염화나트륨만 남은 상태라 건강에 좋지 않아요. 첨가물이 들어가기도 하고요. 반면 천일염은 미네랄이 그대로 남아 있는 100% 자연 소금으로, 첨가물 없이 바닷물을 자연 증발시켜 얻어요. 짠맛 외에도 풍부한 미네랄로 음식의 맛을 더욱 깊게 만들어 주니 건강한 요리를 위해 천일염을 선택해 보세요.

커리 파우더

인도 요리의 영혼을 담은 향신료가 바로 커리 파우더예요. 강황, 쿠민, 고수, 시나몬 등이 절묘하게 조화를 이룹니다. 시판 카레 가루 대신 첨가물 없는 홈 메이드 카레를 끓이거나 스튜나 볶음 요리에 사용해도 잘 어울립니다.

바질

생바질과 달리 건조 과정에서 수분이 모두 제거되어 농축된 향과 맛을 가진 허브예요. 생바질이 향과 풍미가 더욱 뛰어나지만 계절 따라 가격이 너무 비싸거나 구하기 힘든 경우가 많아요. 그럴 때 사용하기 좋답니다. 특히 닭고기를 볶거나 구울 때 오레가노와 함께 사용하면 풍미가 정말 좋아져요.

로즈메리

솔잎 모양의 독특한 향을 가진 허브로, 건조해도 향이 잘 보존되는 특징이 있어요. 생 허브가 구하기 쉽지 않은 한국에서는 건조된 로즈메리를 사용하는 것도 좋더라고요.

케이준 시즈닝

미국 남부 루이지애나 지역의 케이준 요리에서 유래한 향신료예요. 풍미가 강하고 살짝 매운맛이 나는 혼합 스파이스입니다. 파프리카, 마늘, 오레가노, 양파, 카옌페퍼 등이 주원료로 해산물, 닭고기, 감자 요리와 잘 어울린답니다.

타임

작고 섬세한 잎을 가진 타임은 따뜻하면서도 상쾌한 향이 특징이에요. 닭고기 요리나 토마토 소스에 넣으면 풍미가 살아나죠. 수프나 스튜에도 잘 어울리고 버섯 요리와 함께 사용하면 맛이 더욱 깊어져요.

시나몬&시나몬 스틱

달콤하고 따뜻한 향이 특징인 시나몬 스틱은 디저트나 차에 자주 사용돼요. 혈당을 강하시키는 대표적인 향신료이며 대사를 촉진하고 체지방 감소에도 효과가 있다고 합니다. 베이킹에 사용할 때는 시나몬 파우더를 주로 사용합니다.

외식, 피할 수 없다면 즐겨라!

    1년 365일 외식을 한 번도 하지 않고 건강한 집밥만 먹는 분이 계실까요? 가족과 함께하는 특별한 날이나 친구들과의 모임, 직장 생활에서는 어쩔 수 없이 외식할 일이 생기기 마련입니다.

    평소에는 가급적 건강한 재료로 만든 혈당 관리 식단을 지켜주세요. 직장인이라면 도시락을 챙겨 다니는 것도 좋은 방법이지만 직장 분위기상 어려울 때도 있을 거예요. 그럴 때는 하루 한 끼만 외식한다는 원칙을 세우고 아침과 저녁은 가능하면 건강한 집밥을 드세요. 외식할 때는 아래의 원칙을 지켜보세요.

식사 순서 지키기

식사 전 혈당 상승을 완화해 주는 애플 사이다 식초를 탄 물을 한 잔 드세요. 식사 순서도 중요한데 샐러드나 나물 같은 채소 반찬을 먼저 먹고 단백질을 섭취한 후 마지막으로 탄수화물을 먹으면 혈당이 안정적으로 유지됩니다. 밥은 반 공기 정도만 먹는 것이 좋겠죠?

추천 메뉴 선택하기

외식할 때도 혈당 관리에 도움이 되는 메뉴들이 있어요. 가장 건강한 외식 메뉴로는 샤부샤부를 추천합니다. 다양한 채소와 단백질을 함께 먹을 수 있기 때문이에요. 채소를 먼저 많이 먹고 고기를 적당량 먹은 뒤 마지막에 밥을 먹으면 좋아요. 단, 당분이 많이 첨가된 소스는 피하도록 하세요. 라이스페이퍼는 4~5장으로 양을 정해 드세요. 라이스페이퍼가 칼로리가 낮아 다이어트 음식으로 생각하는 분들이 많지만 실제로는 정제 탄수화물이므로 혈당이 많이 오릅니다. 샤부샤부를 먹고 난 후 죽이나 칼국수를 필수라 여기시죠? 죽은 소화 흡수 속도가 매우 빨라서 혈당 관리에 좋지 않아요. 칼국수 역시 밀가루이니 좋을 것이 없지요. 그래도 드셔야 한다면 양을 줄여 드시기를 추천합니다.

샐러드는 채소가 주재료라 혈당 관리에 최고예요. 단, 드레싱은 당분이 많이 들어간 종류보다는 올리브오일과 식초 베이스의 드레싱을 선택하세요. 그렇지만 사 먹는 샐러드의 드레싱 대부분이 너무 달더라고요. 주문할 때 드레싱을 따로 달라고 해서 소량만 뿌리거나 올리브오일을 작은 용기에 담아서 가지고 다니며 소금만 뿌려 먹는 방법도 추천합니다.

포케 역시 샐러드와 비슷하지만 단백질이 더 풍부해요. 밥양을 절반으로 줄이고 채소와 단백질 위주로 먹으면 좋습니다. 역시 드레싱은 당분이 적고 지방이 풍부한 종류로 고르세요.

횟집이나 고깃집도 외식 장소로 좋습니다. 쌈 채소와 함께 회나 고기를 충분히 섭취한 후 밥은 마지막에 소량으로 드시면 혈당 관리에 도움이 됩니다.

마지막으로 음료를 선택할 때는 설탕이 많이 든 음료는 피하고, 물이나 차를 드세요. 이렇게 하면 외식을 하면서도 혈당 관리를 할 수 있어요. 물론 가끔은 마음 편히 먹고 싶기도 하죠. 그럴 땐 너무 죄책감 느끼지 말고 즐겁게 식사 후 다음 식사부터 다시 관리해 주세요. 건강한 식습관에서 가장 중요한 것은 꾸준함이니까요. 평소 건강한 식습관을 지키고 있다면 한두 번 외식으로 잠시 식단이 흔들려도 금방 균형을 찾게 됩니다.

2장

혈당 안심 밥상,
매일 건강한 한 끼

계량

200mL	계량컵 사용 시 액체 기준 약 1컵의 부피
1T	1큰술 = 15mL
1t	1작은술 = 5mL
1꼬집	엄지와 집게손가락으로 집을 수 있는 소량 = 약 1/16~1/18 작은술
1줌	손을 한 움큼 모아 집을 수 있는 양

기본 중의 기본, 밥 짓기

── "한국인은 밥심!"이란 말이 있듯이 우리에게 밥은 정말 중요한 음식이에요. 하지만 혈당 관리를 할 때는 흰 쌀밥이 썩 좋은 선택은 아닙니다. 그렇다고 밥을 완전히 포기할 수는 없잖아요?

다행히 밥을 건강하게 먹는 방법이 있답니다. 혈당도 덜 올라가고 영양과 식이섬유도 풍부한 밥 짓는 법을 소개해 드릴게요. 먼저 혈당 관리에 좋은 저항성 전분 밥 만드는 방법을 알려드리고, 이어서 다양한 통곡물을 활용한 혈당 안심 밥 레시피를 준비했어요.

한 번에 만들어두고 작은 용기에 소분해 보관하면 홈 메이드 햇반이 따로 없어 더욱 편리하답니다.

차갑게 먹으면 더 특별해지는
저항성 전분 밥

저항성 전분 밥, 이름이 좀 어렵죠? 우선 저항성 전분이 무엇인지부터 간단하게 설명해 드릴게요. 저항성 전분이란 말 그대로 몸에서 소화되기를 저항하는 전분이에요. 일반 전분은 소장에서 빠르게 소화되어 포도당으로 변하지만 저항성 전분은 소장에서 소화되지 않고 대장으로 이동합니다. 그래서 혈당을 급격히 올리지 않고 대장에서 프리바이오틱스 역할을 하면서 장내 유익균을 도와 장 건강을 개선해 줍니다. 또한, 인슐린 민감성을 향상해 장기적으로 혈당 관리에도 도움이 됩니다.

저항성 전분은 다양한 음식에 들어 있어요. 콩, 덜 익은 그린바나나와 그린망고, 귀리 등에도 풍부하지요. 열대 지방에서는 흔한 카사바라는 뿌리채소에도 저항성 전분이 많습니다. 카사바는 고구마처럼 생긴 뿌리채소인데, 이 카사바로 만든 카사바 전분이나 타피오카 전분은 베이킹이나 음식 재료로 사용하기도 합니다.

그런데 이렇게 유익한 저항성 전분이 우리가 먹는 밥에도 많다면 얼마나 좋을까요? 보통 혈당 관리를 위해서는 "백미밥은 피하고, 밥양을 줄여야 한다"라고 하잖아요.

좋은 소식은 우리가 포기할 수 없는 밥도 쉬운 방법을 통해 저항성 전분 밥으로 만들 수 있다는 거랍니다. 저항성 전분 밥은 갓 지은 밥을 4~5℃ 정도 냉장고에 12시간 식히기만 하면 됩니다. 이렇게 만든 저항성 전분 밥은 갓 지은 밥에 비해 혈당 상승을 약 10% 정도 억제했다는 연구 결과가 있어요. 특히 혈당 상승이 가장 높은 식후 45~60분 사이에 가장 큰 차이를 보였다고 합니다.

물론 갓 지은 밥이 맛있지만 전기밥솥에 밥을 대량으로 지은 후 용기에 소분하세요. 이렇게 냉장고에서 12시간 보관했다가 전자레인지에 데워 드세요. 마치 홈 메이드 햇반처럼 아주 간편하답니다.

백미를 줄인 혈당 관리 밥

잡곡밥

갓 지은 백미밥은 반찬이 없어도 술술 넘어갈 만큼 정말 맛있죠. 부드럽게 넘어가니 입이 즐거워 더 자주 찾게 되기도 하고요. 하지만 혈당 관리 측면에서는 백미밥이 그리 좋은 선택이 아니랍니다. 특별히 소화 기능이 약해서 먹기 어려운 경우가 아니라면 식이섬유가 풍부한 잡곡밥을 드시는 게 훨씬 혈당 관리에 유리합니다.

식이섬유가 풍부한 잡곡밥은 혈당 관리에는 좋지만, 먹고 나면 속이 더부룩하거나 가스가 차고 오히려 변비가 생긴다는 분들도 있습니다. 『플랜트 패러독스』와 같은 책을 비롯한 일부 연구에서는 통곡물에 포함된 '렉틴Lectin' 성분이 오히려 건강에 해롭다고 주장해요. 그래서 도정된 백미와 정제된 탄수화물을 먹는 것이 오히려 낫다고 합니다. 다만 이 부분은 개인 차가 있고 렉틴의 위해성에 대한 명확한 합의도 아직 나오지 않은 상태인 듯합니다. 또한 고압 조리를 하면 대부분의 렉틴은 제거된다고 해요.

그런데도 통곡물 소화가 힘들다는 분들은 충분한 저작 활동을 하지 않아서일 수도 있습니다. 현미를 비롯한 잡곡밥이나 통곡물을 먹을 때 한 번에 40~50회 이상 꼭꼭 씹어 먹도록 노력해 보세요. 충분히 씹으면 입안에서 음식이 곤죽처럼 부드러워져 소화에 어려움을 겪는 일은 거의 없을 거예요. 오랫동안 씹어먹는 습관은 포만감을 주고 먹는 동안 내가 먹는 음식에 감사함을 느낄 수 있는 마인드풀 이팅 Mindful Eating의 시간이 되기도 합니다.

식이섬유 가득

발아 현미밥

재료

· 발아 현미 1컵
· 물 200mL

시중에서 쉽게 구할 수 있는 발아 현미로 밥을 지어 보세요. 싹을 틔운 현미라 일반 현미보다 훨씬 먹기에도 부드럽고 소화가 잘됩니다. 그리고 발아 곡물은 섬유질이 풍부해서 혈당 관리에도 뛰어나다고 합니다.

만드는 방법

❶

발아 현미를 깨끗이 씻은 후 20분간 불립니다.

❷

전기밥솥이나 압력솥을 이용해 밥을 짓습니다.

건강한 슈퍼 푸드
저속 노화 밥

재료

· 퀴노아 ¼컵
· 렌틸콩 ¼컵
· 발아 현미 ¼컵
· 백미 ¼컵
· 물 200mL

저는 기존의 저속 노화 밥 레시피와는 다르게 지어 먹고 있어요. 귀리는 빼고, 현미 대신 발아 현미를 추가하고 차조처럼 톡톡 튀는 식감이 좋은 퀴노아를 넣어요. 단백질이 풍부한 렌틸의 비율을 높이고 발아 현미, 퀴노아, 백미의 비율을 거의 1:1의 비율로 만듭니다.

만드는 방법

❶

퀴노아와 렌틸콩은 체에 밭쳐 깨끗이 씻은 후 물기를 충분히 빼 주세요.

❷

발아 현미와 백미는 깨끗이 씻어 20분간 불린 후, 전기밥솥이나 압력솥에 넣어 밥을 지어 주세요.

알알이 톡톡 고단백
퀴노아 밥

재료

· 퀴노아 1컵
· 물 600mL

좁쌀과 모양도 비슷하며 꼬들꼬들 식감이 좋은 퀴노아는 대표적인 슈퍼 푸드로 꼽혀요. 게다가 아홉 가지 필수 아미노산이 포함된 아주 훌륭한 식물 단백질이에요. 원래도 식이섬유가 풍부한데 익히면 저절로 싹을 틔우기 때문에 자연스럽게 발아 퀴노아가 됩니다. 발아 곡물은 식이섬유가 일반 통곡물보다 풍부해 혈당 관리에 최적입니다.

만드는 방법

❶

퀴노아는 체에 밭쳐 깨끗하게 씻은 후 물기를 뺍니다.

❷

냄비에 퀴노아와 물을 넣고 센불에서 끓이다가 팔팔 끓으면 약불에서 15~20분간 삶습니다.

• 퀴노아는 특유의 쓴맛 때문에 요리하기 전 여러 번 깨끗이 씻어야 합니다.

몸이 가벼워지는
콜리플라워 밥

재료

· 백미 ½컵
· 콜리플라워 라이스 ½컵
· 물120mL

저탄고지 식단을 해보신 분들은 아주 익숙한 콜리플라워 라이스를 이용한 밥입니다. 콜리플라워는 백미와 색깔도 거의 차이가 없고 브로콜리보다 맛이 훨씬 부드러우며 특유의 향이 없어요. 그래서 백미밥을 고집하는 분들을 속이기 딱 좋은 재료예요. 다만, 콜리플라워는 수분이 많아 밥이 질어질 수 있어 밥물의 양을 줄이고 토핑처럼 위에 얹어 드시는 게 좋아요.

제철 콜리플라워가 나올 즈음 만능 다지기 등을 이용해 쌀알처럼 만들어 냉동 보관을 해도 좋고 온라인에서 냉동 제품을 구매해도 좋습니다.

Eun's kitchen Tip

· 쌀과 함께 저으면 더 질어지니, 젓지 않고 그대로 두어야 합니다.

만드는 방법

❶

백미는 깨끗이 씻어 20분간
불립니다.

❷

백미와 같은 양의 물을 넣고
중불보다 조금 센불에서 끓입
니다. 밥물이 졸아들면 콜리
플라워를 밥 위에 올립니다.

❸

중불보다 조금 약한 불로 줄
이고 뚜껑을 덮어 15분간 익
힙니다.

❹

약불에서 5분간 익히고 불을
끕니다. 뚜껑을 덮은 채로 뜸
을 5분간 들입니다.

만들어 두면 좋은 실속 아이템

— 바쁜 일상 속에서 매 끼니 건강한 식사를 준비하기란 쉽지 않아요. 이럴 때 '밀 프렙Meal Prep'이 큰 도움이 됩니다. 밀 프렙이란 'Meal Preparation'의 줄임말로, 여러 끼니 분량의 식사를 미리 준비해 두는 것을 말해요. 바쁜 현대인들 사이에서 건강한 식습관을 유지하기 위한 방법으로 요즘 인기가 참 많더라고요.

이 장에서는 채소 밀 프렙부터 채소를 더 맛있게 즐길 수 있는 다양한 소스까지, 혈당 관리도 하면서 맛있게 먹을 수 있는 메뉴들로 구성했어요. 주말에 잠깐 시간 내어 미리 준비해 두고 매일 "오늘 뭐 먹지?"라는 고민에서 벗어나 보세요.

활용 만점 고단백

병아리콩 밀 프렙

재료

· 병아리콩 2컵
· 물 1000mL
· 소금 1T

만들어 두면 든든한 병아리콩 밀 프렙이에요. 단백질과 식이섬유가 풍부한 병아리콩은 너무 딱딱해서 불리는데 시간이 많이 걸려요. 그래서 한 번에 많이 불리고 삶은 뒤 소분해서 냉동 보관해 두세요. 같은 일을 여러 번 하지 않고 간편하게 다양한 요리에 활용할 수 있답니다. 샐러드에 넣어 간편한 한 끼로, 후무스로 만들어 간식으로, 수프나 카레에 넣어 든든한 식사로 활용할 수 있어요.

Eun's kitchen Tip

· 삶은 병아리콩은 냉장 보관 시 3~4일, 냉동 보관 시 3개월까지 보관할 수 있어요.
· 전기밥솥이나 압력솥을 사용하면 훨씬 편해요.

만드는 방법

❶

병아리콩을 8시간 이상 물에
불립니다.

❷

불린 물은 따라 버리고, 물과
소금을 병아리콩과 함께 냄비
에 넣어 센불에서 끓입니다.

❸

끓으면 중불로 줄이고 떠오르
는 거품을 건져내며 40분간
삶습니다.

❹

병아리콩은 손가락으로 눌렀
을 때 잘 으스러지면 다 익은
거예요. 채반에 밭쳐 물기를
빼고 식혀 주세요.

풍미 가득 만능
바질 페스토

재료

- 잣 100g
- 바질 100g
- 파르미지아노 레지아노
  치즈 50g
- 엑스트라 버진 올리브
  오일 200mL
- 소금 0.5t

이탈리아의 보물, 바질 페스토는 요리의 풍미를 높이는 만능 소스예요. '페스토pestare'라는 이름은 이탈리아어로 '빻다, 찧다'의 뜻에서 유래했어요. 전통적으로 절구와 절굿공이로 재료를 으깨어 만들었기 때문이죠. 신선한 바질과 마늘, 견과류, 올리브오일, 치즈를 갈아 만든 이 소스는 항산화 성분과 건강한 지방이 풍부해 혈당 관리에도 도움이 됩니다.

한 번에 넉넉히 만들어 냉동 보관하면 다양한 요리에 편리하게 사용할 수 있어요. 파스타에 섞거나 샌드위치에 발라 먹고 묽게 만들어 샐러드드레싱으로 활용하거나 신선한 채소에 어울리는 디핑 소스로도 좋답니다. 바질 외에도 깻잎, 루콜라, 고수, 참나물 등으로 가능하니 다양한 재료로 건강하고 맛있는 페스토를 만들어 보세요.

❶

예열된 팬에 잣을 약불로 노
릇하게 볶습니다.

❷

바질과 올리브오일을 블렌더
에서 1~2초 정도로 짧게 끊어
가며 거칠게 갈아 줍니다.

❸

잣, 치즈는 따로 갈아 줍니다.

❹

모든 재료를 잘 섞은 후 미리
소독해 둔 용기에 보관해 주
세요.

아삭아삭 상큼한
채소 라페

당근 라페

· 당근 1개
· 양념장

비트 라페

· 비트 1개
· 양념장

양배추 라페

· 양배추 ¼개(약 300g)
· 양념장

양념장

· 홀그레인 머스터드 0.5T
· 엑스트라 버진 올리브오일 2T
· 애플 사이다 식초 또는
  레몬즙 1T(기호에 따라 화이트
  발사믹 1T 추가)
· 소금 0.5T

당근 라페는 상큼하고 새콤한 샐러드로, 입맛을 돋우는 전채 요리로 딱 맞아요. 샌드위치나 김밥 속 재료로도 훌륭하죠. 특히 식전 곁들임 채소로 먹으면 혈당 관리에 아주 좋습니다. 당근뿐만 아니라 양배추, 셀러리, 비트 등 다양한 재료로도 라페를 만들어 즐길 수 있어요.

❶

손질된 비트를 찜기에서 젓가
락이 푹 들어갈 정도로 익힙
니다.

❷

당근, 비트, 양배추를 각각 채
썰어 둡니다.

❸

각각의 채소에 소금을 넣어
20분간 절여 둡니다.

❹

손으로 채소를 꽉 짜서 물기
를 뺍니다.

❺

준비한 양념장을 각 재료에
맞게 넣고 잘 섞어 줍니다.

Eun's kitchen Tip

· 많은 양의 채소를 채 썰 땐 전동 채칼을 사용하면 편리합니다.

색색이 다채로운
파프리카 마리네이드

재료

· 파프리카 4~5개(약 600g)
· 바질 또는 건조 허브류 1T
· 다진 마늘 1t
· 엑스트라 버진 올리브오일 4T
· 발사믹 식초 2T
· 소금 0.5t

구워서 더 달콤해진 파프리카를 올리브오일, 발사믹 식초에 절인 맛이 아주 조화로워요. 원래는 파프리카를 통으로 까맣게 구워낸 후 껍질을 벗기고 자른 후 절이는 것이 정통 레시피예요. 저는 간편하게 모두 썰어 에어 프라이에서 구워 절였어요. '마리네이드marinade'란 특별한 재료나 음식을 말하는 것이 아니라 '절이다'는 뜻이에요.

❶

파프리카는 씨를 제거하고 길
쭉하게 채 썹니다.

❷

에어프라이어에 180°C로 20
분간 구워 주세요. 에어프라
이어 사양에 따라 온도와 시
간은 조절해 주세요.

❸

볼에 허브, 다진 마늘, 올리브
오일, 발사믹 식초, 소금을 넣
고 잘 섞어 주세요.

❹

구운 파프리카를 소스와 잘
버무려 주세요.

❺

냉장고에서 최소 2시간 이상
숙성해 주세요.

Eun's kitchen Tip

- 파프리카를 구우면 단맛이 더욱 강해지고 부드러워져요.
- 파프리카는 색깔별로 맛이 조금씩 달라 여러 색상을 섞으면 더 풍성한 맛을 즐길 수 있어요.
- 마리네이드한 파프리카는 냉장 보관 시 4~5일 정도 즐길 수 있어요.

몸이 가벼워지는
마녀 수프

재료

- 목초 소고기 국거리용 500g
- 양파 2개
- 당근 1개
- 셀러리 2대
- 파프리카 2개
- 버섯 100g
- 엑스트라 버진 올리브오일 2T
- 파스타 소스 1병
- 치킨스톡 2개
- 물 2000mL
  (넉넉하게 재료가 잠길 만큼)
- 소금 약간
- 후추 약간

어릴 적 동화책에 나온 마녀의 수프 기억하나요? 검은 솥에서 묘한 재료들이 끓고 있던 그 수프 말이에요. 하지만 우리의 마녀 수프는 건강에 좋은 채소들을 듬뿍 넣어 만든 디톡스 수프랍니다.

이 수프의 비밀은 다양한 채소에 있어요. 채소의 영양소와 식이섬유가 혈당 상승을 막아 주고, 토마토와 양파의 퀘르세틴은 인슐린 저항성 개선에도 도움을 준답니다.

맛있게 먹으면서 혈당도 관리하고 다이어트 메뉴로도 안성맞춤인 마녀 수프. 대부분 레시피에서는 감자와 채소를 넣어 끓이지만 저는 감자는 빼고 고기를 넣어 함께 끓여요. 고기 육수의 감칠맛이 좋고 더 든든하답니다.

Eun's kitchen Tip

- 후추는 먹을 때마다 바로 뿌려 드세요.

만드는 방법

❶

양파, 당근, 셀러리, 파프리카, 버섯은 먹기 좋은 크기로 깍둑썰기합니다.

❷

예열된 팬에 올리브오일을 두르고, 중불로 고기 겉면이 갈색으로 변할 때까지 볶습니다.

❸

썰어 둔 채소, 파스타 소스, 치킨스톡, 소금을 모두 넣습니다.

❹

재료가 잠길 정도의 물을 붓고 센불에서 끓이다가 팔팔 끓어 오르면, 중불보다 조금 센불로 줄인 후 1시간가량 끓여 주세요.

목초 소고기의 진한 감칠맛

라구 소스

재료

- 목초 소고기 다짐육 500g
- 당근 1개
- 양파 1개
- 토마토 1개
- 양배추 ¼개
- 셀러리 150g
- 로즈메리 3~4줄기 또는
  건조 이탈리안 시즈닝 1T
- 토마토 파스타 소스 1병
- 치킨스톡 2개
- 엑스트라 버진 올리브
  오일 2~3T
- 물 300mL
- 소금 약간

라구 소스 정통 레시피를 보면 소고기와 돼지고기가 절반씩 들어가고 송아지 고기나 생햄 또는 베이컨을 넣어요. 저는 다른 재료는 모두 생략하고 목초 소고기 다짐육으로만 끓인답니다. 간편하게 시판 파스타 소스와 유기농 치킨스톡을 사용해 번거로움을 줄였어요. 파스타, 덮밥, 라자냐 등 다양하게 활용할 수 있어요.

Eun's kitchen Tip

- 물 대신 화이트 와인 1컵을 넣고 끓이면 풍미가 더 좋아집니다. 이 경우엔 알코올을 날리기 위해 센불에서 2~3분간 팔팔 끓여 주세요.
- 시판 파스타 소스에 이미 허브가 들어 있다면 건조 허브를 생략해도 좋습니다.

❶

당근, 양파, 토마토, 양배추,
셀러리는 칼이나 블렌더를 이
용해 다져 주세요.

❷

예열된 팬에 올리브오일을 두
르고, 중불에서 소고기를 갈
색이 되도록 볶습니다.

❸

다진 채소와 파스타 소스를
함께 넣고 잘 섞은 후 센불에
서 끓이세요.

❹

끓어 오르면 중·약불로 줄인
후 로즈메리와 치킨스톡, 물
을 넣고 끓여 주세요. 물기가
거의 사라질 정도로 1시간 가
량 끓입니다.

한 주가 편해지는

채소 밀 프렙

재료

· 아스파라거스 10줄기

· 브로콜리 1개(300g)

· 애호박 1개

· 가지 1개

· 당근 1개

· 방울토마토 5~10개

다양한 채소는 혈당 관리에 도움이 됩니다. 식이섬유가 풍부한 채소들이 포만감을 주고 혈당 상승을 완만하게 해 주거든요. 전자레인지 조리 가능한 유리 진공 용기에 보관하세요. 바쁜 아침에 4~5분만 익혀 먹으면 되니 얼마나 편리한지 몰라요.

만드는 방법

❶

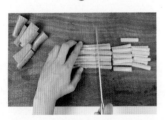

모든 채소를 먹기 좋은 크기로 썰어 둡니다.

❷

밀 프렙 용기에 담습니다.

Eun's kitchen Tip

- 먹을 때마다 전자레인지에 4~5분 돌려 익히거나 오븐에 굽습니다.
- 다양한 드레싱을 활용해 매일 색다른 맛으로 드셔 보세요.

선드라이드 방울토마토

감칠맛과 풍미 가득

재료

- 방울토마토 500g
- 마늘 2~3개
- 말린 바질 또는 오레가노 ½t
- 로즈메리 2줄기
- 엑스트라 버진 올리브오일
  200mL(방울토마토가 잠길 정도)
- 소금 2~3꼬집

선드라이드 방울토마토는 토마토 본연의 단맛이 농축되어 감칠맛이 풍부해지고 리코펜 같은 항산화 성분도 더욱 진해져요. 파스타나 리소토에 넣어 깊은 맛을 더하거나 샐러드에 토핑으로 얹어도 맛있어요. 제가 좋아하는 활용법은 그릭 요거트와 섞어 샌드위치로 만들어 먹거나 블렌더로 갈아서 파스타로 만들어 먹는 방법이에요. 새우 요리 감바스에 넣거나 오믈렛에 넣어도 정말 맛있답니다.

만드는 방법

❶

❷

방울토마토를 깨끗이 씻어 물기를 제거한 후 반으로 자릅니다.

방울토마토의 잘린 면이 위로 오도록 깔고 소금을 2~3꼬집 뿌려 주세요. 바질, 오레가노도 뿌립니다.

Eun's kitchen Tip

• 에어 프라이어에 굽는 동안 타지 않도록 잘 살펴보세요.

❸

에어프라이어를 아래와 같이 3단계로 설정하여 구워 줍니다. 각 단계가 끝날 때마다 에어프라이어의 문을 열어 30초간 식혀 주세요.

· 140°C에서 1시간
· 120°C에서 1시간
· 100°C에서 1시간

❹

완성된 선드라이드 방울토마토를 식힌 후 마늘, 로즈메리를 넣고 재료가 잠길 정도로 올리브오일을 부어 주세요. 깨끗한 유리병에 담아 냉장 보관합니다.

신선하고 건강한
수제 마요네즈

재료

- 달걀 2개
- 레몬즙 또는
  애플 사이다 식초 1T
- 엑스트라 버진 올리브오일
  달걀 무게와 동량
- 소금 1t

홈메이드 마요네즈는 시중 제품과는 비교할 수 없는 신선함과 고소함을 선사합니다. 집에서 직접 만든 수제 마요네즈로 건강도 챙기고 맛도 즐겨 보세요. 난각번호 1번 달걀과 고품질의 엑스트라 버진 올리브오일을 사용하면 마요네즈의 풍미가 한층 더 깊어지고 올리브오일에 풍부한 폴리페놀과 비타민E 같은 항산화 성분을 더 많이 섭취할 수 있어요.

Eun's kitchen Tip

- 흰자까지 모두 사용해도 마요네즈가 잘 만들어집니다. 조금 더 묽을 거예요.
- 핸드 블렌더나 도깨비방망이를 사용할 경우, 오일을 조금씩 부어가며 바닥부터 하얗게 유화되는 과정을 지켜보며 블렌딩하세요.
- 깨끗한 유리병에 담아 냉장 보관하고 일주일 안에 드시는 게 좋아요.

만드는 방법

❶

초고속 블렌더에 달걀 노른
자, 레몬즙, 소금을 넣고 오일
은 ⅓만 넣어 갈아 주세요.

❷

남은 올리브오일의 절반을 붓
고 다시 갈아 주세요.

❸

나머지 올리브오일을 모두 붓
고 마요네즈가 걸쭉해질 때까
지 블렌딩 하세요.

채소가 맛있어지는

여섯 가지 혈당 안심 소스

채소는 혈당 관리의 든든한 조력자예요. 풍부한 식이섬유가 당 흡수를 늦춰주고, 다양한 비타민과 미네랄은 우리 몸의 대사를 원활하게 해 줍니다. 하지만 매번 같은 맛으로 채소를 먹다 보면 금세 질리기 마련이죠. 여기 소개하는 여섯 가지 소스로 맛의 다채로움을 더해보세요. 이 소스는 건강한 지방과 단백질, 그리고 적당한 산미로 당 흡수를 조절하고 포만감을 높여 줍니다. 만드는 법도 간단해요. 모든 재료를 넣고 잘 섞어 주면, 끝이랍니다.

오리엔탈 소스

재료
한식 간장 2T, 다진 양파 ¼개, 다진 마늘 1T
물 2T(진간장 사용 시 생략), 엑스트라 버진 올리
브오일 2T, 들기름 1T, 발사믹 식초 2T
후추 0.5t

만드는 방법
모든 재료를 넣고 잘 섞어 줍니다.

Eun's kitchen Tip
· 샐러드나 포케 소스로도 잘 어울리고,
  샐러드 파스타 소스로 먹어도 맛있어요.

화이트 소스

재료
수제 마요네즈 150mL(138쪽 참고),
플레인 요거트 2T(생략 가능), 다진 양파 ¼개,
다진 딜 1T, 레몬즙 또는 애플 사이다 식초 1T,
화이트 발사믹 식초 2T, 소금 약간, 후추 약간

만드는 방법
모든 재료를 넣고 잘 섞어 줍니다.

Eun's kitchen Tip
· 단맛이 나는 화이트 발사믹 식초를 빼면,
  랜치 소스와 비슷해요. 다진 피클을 넣으면,
  타르타르 소스로 활용 가능해요.

오리엔탈 소스

화이트 소스

바질 페스토 소스

발사믹 비네그레트 소스

캐슈 마요 소스

흑임자 마요 소스

바질 페스토 소스

재료
홈 메이드 바질 페스토 100mL(112쪽 참고), 엑스트라 버진 올리브오일 50mL, 레몬즙 또는 애플 사이다 식초 1T, 소금 약간, 후추 약간

만드는 방법
모든 재료를 넣고 잘 섞어 줍니다.

Eun's kitchen Tip
- 홈메이드 바질 페스토가 없다면 시판 페스토를 사용해도 되지만, 대부분 카놀라유나 식물성 유지로 만든 경우가 많아요. 올리브오일로 만든 제품인지 꼭 확인하고 구매하세요.
- 페스토 소스의 기본은 소스와 오일의 비율을 2:1로 하면 좋아요.

발사믹 비네그레트 소스

재료
다진 양파 ¼개, 엑스트라 버진 올리브오일 150mL, 발사믹 식초 50mL, 홀그레인 머스터드 1T, 소금 0.5t, 후추 약간

만드는 방법
모든 재료를 넣고 잘 섞어 줍니다.

Eun's kitchen Tip
- 묵직한 드레싱이 좋으시면, 오일과 식초의 비율을 3:1로 하세요. 가벼운 드레싱은 오일과 식초의 비율을 2:1 또는 2.5:1로 하세요.

캐슈 마요 소스

재료

캐슈넛 100g, 연두부 100g, 다진 마늘
0.5t, 레몬즙 2T, 엑스트라 버진 올리브오
일 2T, 물 약간(농도 조절용 2~3T), 소금 약간

만드는 방법

❶ 캐슈넛은 물에 1시간 이상 불려 주세요.

❷ 모든 재료를 넣고 잘 섞어 줍니다.

❸ 블렌더에 곱게 갈아 주세요.

흑임자 마요 소스

재료

흑임자 가루 3T, 수제 마요네즈 100mL
(138쪽 참고), 레몬즙 또는 애플 사이다 식초
1T, 발사믹 식초 2T, 소금 약간

만드는 방법

모든 재료를 넣고 잘 섞어 줍니다.

Eun's kitchen Tip

· 입맛에 따라 흑임자 가루는 가감하세요.

· 한식 샐러드나 연근, 두부 등과 잘 어울
  려요.

바쁜 아침을 깨우는 간편한 한 끼

혈당 관리에서 가장 중요한 식사는 바로 그날의 첫 식사입니다. 장시간 공복 상태 후에 먹는 첫 끼는 우리 몸이 영양소를 최대한 흡수할 준비를 하고 있기 때문에 더욱 신경 써야 해요. 그래서 혈당을 급격히 올리는 정제 탄수화물이나 액상과당은 피하는 것이 중요합니다. 어떤 음식을 먹느냐에 따라 하루의 컨디션과 기분이 달라지거든요.

하지만 바쁜 아침에 건강한 식사를 준비하기가 쉽지 않죠. 여기 소개하는 레시피들은 빠르게 만들 수 있으면서도 혈당을 크게 올리지 않는 메뉴입니다. 단백질, 건강한 지방, 식이섬유가 풍부한 채소를 활용해 포만감을 주고 에너지를 오래 유지할 수 있도록 했어요. 이렇게 드시면 점심 전 불필요한 간식을 찾는 일도 줄어들 거예요.

*레시피는 1인분을 기준으로 하였습니다.

에너지 충전
그린 스무디

재료

- 브로콜리 한 송이
- 케일 4~5장
- 양배추 ¼통
- 아보카도 2개
- 저당질 그래놀라 또는
  견과류, 블루베리
- 물 500mL
- 레몬즙 50mL

그린 스무디 레시피는 독소 배출과 염증 제거에 탁월한 닥터 라이블리 선생님의 '라이블리 스무디'를 참고했어요. 구하기 쉬운 채소와 집에 있는 채소를 활용해 계량을 제 방식으로 바꾸었답니다. 그린 스무디를 꾸준히 마셔서 몸속 독소를 배출하고 영양을 채워 주세요.

Eun's kitchen Tip

- 과일을 넣고 간 스무디는 체내 흡수가 빨라 혈당을 자극해서 권장하진 않습니다.
- 그린 스무디는 4~5일 정도 냉장 보관이 가능합니다.

❶

찜기에 물을 넣고 끓으면 양
배추, 브로콜리, 케일을 중불
에서 3분간 찝니다.

❷

브로콜리와 케일은 먼저 꺼내
고 양배추는 5분 더 찝니다.

❸

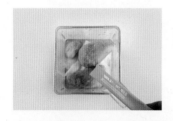

식힌 채소를 블렌더에 넣고 아
보카도와 물, 레몬즙을 함께
넣어 주세요.

❹

블렌더를 이용해 곱게 갈아 줍
니다. 블루베리와 저당질 그
래놀라 또는 견과류를 토핑으
로 올려 주세요.

건강과 맛을 잡은
양배추 피자

재료

- 양배추 100g
- 모차렐라 치즈 50g
- 달걀 1개
- 토마토 파스타 소스 2~3T
- 엑스트라 버진 올리브오일 1T

아침 공복에 먹으면 좋은 채소로 양배추가 손꼽히는 거다들 아시죠? 양배추는 영양가가 높은 채소예요. 비타민 C가 풍부해 면역력 강화에 도움을 주고, 식이섬유가 많아 소화를 돕고 포만감을 오래 유지해 주어요. 또한, 혈당 상승을 억제하는 효과가 있어 당뇨병 예방에도 좋습니다.

Eun's kitchen Tip
- 기호에 따라 후추나 허브를 뿌려 먹어도 좋아요.

❶

팬에 올리브오일을 둘러 예열
한 뒤, 중불로 채 썬 양배추를
볶다가 달걀을 풀고 섞어 주
세요.

❷

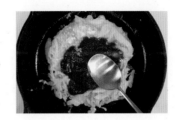

양배추와 달걀이 어느 정도
익으면 파스타 소스를 골고루
발라 주세요.

❸

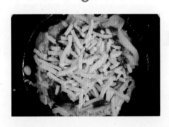

치즈를 올리고 뚜껑을 덮어
치즈가 녹을 때까지 약불에서
익혀 주세요.

간편하고 든든한
토마토 달걀 볶음

재료

- 달걀 3개
- 방울토마토 10개
- 대파 2T
- 엑스트라 버진 올리브오일 1T
- 치킨스톡 약간(선택 사항)
- 소금 약간
- 후추 약간

토마토 달걀 볶음은 줄여서 '토달볶'이라고도 하는데요, 스크램블 형태로 볶는 간단하면서도 영양가 높은 요리죠. 혈당을 자극하지 않아 부드러운 아침 식사로 제격이랍니다. 저는 여기에 채 썬 대파를 넣어 함께 볶아 풍미를 더했어요.

통밀빵이나 사워도우 한 조각, 또는 잡곡밥을 조금 곁들이면 더 균형 잡힌 한 끼가 됩니다. 아침에 먹으면 건강에 최고로 좋다는 달걀과 토마토까지 들어가 탄·단·지 완벽한 식사랍니다. 간단하지만 영양 가득한 토달볶으로 하루를 건강하게 시작하세요.

Eun's kitchen Tip

- 일반 토마토를 사용할 때는 껍질을 벗겨 사용하면 더 부드러운 식감을 즐길 수 있어요.

❶

그릇에 달걀과 소금을 넣고
잘 풀어 줍니다.

❷

방울토마토는 반으로 자르고
대파도 채 썰어 줍니다.

❸

잘 예열된 팬에 채 썬 대파를
넣고 중불보다 센불에서 향이
날 때까지 1~2분간 볶아 줍니
다.

❹

팬에 방울토마토를 넣고 중
불에서 1~2분간 더 볶아 줍
니다.

❺

방울토마토에서 수분이 나오기 시작하면 미리 풀어 둔 달걀을 붓고 치킨스톡, 소금, 후추로 간을 합니다.

❻

달걀이 거의 다 익으면, 불을 끄고 잔열로 마저 익혀 줍니다.

따뜻해서 속 편한
웜 샐러드

재료

· 냉동 믹스 채소 1컵
· 달걀 1개
· 엑스트라 버진 올리브오일 1T
· 소금 약간
· 후추 약간

날이 추워질수록 아침엔 차가운 샐러드를 먹기 힘들죠. 따뜻하게 먹기 좋은 웜 샐러드를 추천합니다. 냉동 믹스 채소를 이용하면 만들기 간편하면서도 달걀을 더해 영양을 더했어요. 다양한 채소에 풍부한 비타민과 미네랄, 달걀의 단백질이 균형 있게 어우러지는 메뉴입니다.

Eun's kitchen Tip

· 냉동 믹스 채소 대신 냉장고에 있는 채소를 활용해도 좋아요. 브로콜리, 당근, 양파 등 어떤 채소든 잘 어울립니다.
· 페타치즈를 조금 넣으면 짭짤하고 더 맛있어진답니다.
· 사과 ¼개와 땅콩버터까지 곁들이면 최고의 영양 균형을 자랑합니다.

❶

예열된 팬에 냉동 믹스 채소
를 넣고 중불에서 3~4분간 볶
습니다.

❷

채소가 해동되고 살짝 익기
시작하면 소금을 넣고, 달걀 1
개를 올려 줍니다.

❸

중불보다 약한 불에서 뚜껑을
덮고 2~3분간 익힙니다.

❹

불을 끄고 마지막에 후추를
뿌려 주세요.

단백질과 식이섬유가 풍부한
병아리콩 후무스

병아리콩 후무스

· 삶은 병아리콩 1컵
· 마늘 1개
· 참깨 1T
· 엑스트라 버진 올리브오일
  50mL
· 물 50mL(농도 조절용)
· 애플 사이다 식초 또는
  레몬즙 1T
· 커리 파우더 0.5t
· 소금0.3t

채소 구이

· 애호박 ¼개
· 버섯 2~3개
· 가지 ¼개
· 셀러리 1줄기

후무스의 주재료인 병아리콩은 단백질과 식이섬유가 풍부해 포만감이 높고 혈당도 완만하게 오릅니다. 게다가 철분, 마그네슘, 비타민 B 등 다양한 영양소가 풍부해요. 여기에 건강에 좋은 엑스트라 버진 올리브오일을 듬뿍 사용해 포만감도 채우고 불포화 지방산도 챙길 수 있답니다.

❶

블렌더에 삶은 병아리콩, 마늘, 참깨, 올리브오일, 물, 애플 사이다 식초 또는 레몬즙, 커리 파우더, 소금을 넣습니다.

❷

블렌더로 재료를 곱게 갈아 줍니다. 필요에 따라 물의 양을 조절하여 원하는 농도로 만듭니다.

❸

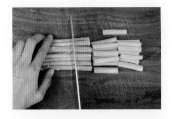

애호박, 버섯, 가지, 셀러리는 적당한 크기로 썹니다.

❹

애호박, 버섯, 가지, 셀러리는 프라이팬에 굽거나 전자레인지에 익혀 곁들입니다.

Eun's kitchen Tip

- 중동식 참깨 페이스트인 타히니를 넣으면 정통 후무스 맛을 낼 수 있어요. 하지만 한국에서는 구하기 어려우니 국산 참깨를 사용해 보세요.
- 후무스는 3~4일 냉장 보관이 가능하고 양이 많을 땐 냉동 보관을 하세요.

부드럽고 고소한

발사믹 버섯볶음

재료

· 양송이버섯 3~4개
· 느타리버섯 1줌
· 만가닥버섯 1줌
· 엑스트라 버진 올리브오일 2T
· 발사믹 식초 2T
· 소금 약간

버섯은 찌는 것보다는 노릇하게 구우면 쫄깃한 식감도 좋고 정말 맛있어지더라고요. 여기에 발사믹 식초를 넣어 함께 볶으면 다양한 버섯의 고소한 맛과 발사믹 식초의 깊은 풍미가 어우러져 특별한 맛을 낸답니다. 아무리 생각해도 버섯과 발사믹 식초는 최고의 궁합이예요. 초간단 레시피라 바쁜 일상 속에서도 쉽게 만들어 먹을 수 있습니다.

❶

버섯을 적당한 크기로 손질
해요.

❷

팬에 올리브오일을 두르고 중
불에서 버섯을 노릇노릇하게
볶아요.

❸

버섯이 익으면 발사믹 식초와
소금을 넣고 버무리듯 가볍게
볶아 주세요.

당 흡수 늦춰주는 영양 밸런스

CCA 샐러드

재료

· 양배추 2줌
· 사과 ⅓개
· 당근 ¼개
· 엑스트라 버진 올리브오일 2T
· 그릭 요거트 2T
· 소금 약간
· 후추 약간

일명 '까주스'라고 불리는 CCA 주스는 양배추^{Cabbage}, 당근^{Carrot}, 사과^{Apple}의 앞 글자를 따서 CCA 주스라고 불러요. 재료는 두말할 나위 없이 좋지만, 당분 함량이 높은 뿌리채소인 당근과 사과를 함께 갈아 마시는 조리법이라 혈당이 치솟더라고요. 그래서 샐러드로 만들어 먹기 시작했어요. 이제 '까주스' 대신 '까 샐러드' 어떠신가요?

❶

양배추는 채칼이나 전동 채칼
등을 이용해 썰어 주세요.

❷

사과, 당근도 채 썰어 주세요.

❸

볼에 모든 재료를 넣고 잘 섞
은 후 소금, 후추로 간을 맞춰
주세요.

영양 가득 포만감 가득
시금치 프리타타

재료

· 시금치 2컵
· 달걀 4개
· 브로콜리 ¼개
· 페타 치즈 30g(생략 가능)
· 엑스트라 버진 올리브오일 1T
· 소금 약간

혈당 안정 아침 메뉴로 절대 빼놓을 수 없는 메뉴가 프리타타예요. 프리타타는 이탈리아식 오믈렛인데 오븐에서 구워 더 폭신하고 맛있답니다. 게다가 시금치가 들어가서 영양도 풍부하고 혈당 관리에도 좋아요. 시금치는 식이섬유가 풍부해서 혈당 상승을 억제하는 데 도움을 주고 달걀은 단백질이 풍부해서 포만감을 주죠.
그리스의 산양 치즈인 페타 치즈를 넣어 풍미를 더해 보세요. 시금치 대신 다른 자투리 채소로도 가능합니다.

❶

달걀에 소금을 넣고 풀어 주
세요.

❷

팬에 올리브오일을 두른 후
중불에서 시금치를 넣고 숨
이 살짝 죽을 때까지만 볶아
주세요.

❸

오븐 용기에 모든 재료를 넣
고 180℃에 20분간 구워요.
가운데가 흔들리지 않을 정도
로 익으면 됩니다.

Eun's kitchen Tip

- 시금치는 오래 볶으면 수분이 많이 나와 프리타타가 질척해질 수 있어, 데치듯 볶아 주세요.
- 프라이팬을 사용한다면, 뚜껑을 덮고 약불로 7~8분 정도 익혀 주세요. 그다음 뚜껑을 열고 윗면 이 살짝 굳을 때까지 1~2분 더 익히면 됩니다.
- 프리타타를 식힌 후 냉장 보관을 하면 3일 정도 먹을 수 있어요.

상큼한 지중해식
병아리콩 샐러드

재료

· 삶은 병아리콩 2컵
· 방울토마토 15개
· 노란 파프리카 1개
· 오이 1개
· 양파 ½개
· 셀러리 1줄기(생략 가능)
· 잎채소 50g
· 엑스트라 버진 올리브오일
  200mL
· 레몬즙 4T
· 발사믹 식초 4T
· 소금 1T

병아리콩 샐러드는 지중해 식단의 대표적인 요리 중 하나예요. 중동식 쉬라즈 샐러드와도 비슷해요. 지중해식 샐러드는 그리스의 산양 치즈인 페타치즈를 넣어 짭조름하고 다양한 허브를 넣어 풍미가 깊은 반면 쉬라즈 샐러드는 가볍고 상큼한 여름 샐러드예요. 취향에 따라 지중해식으로, 중동식으로 재료를 선택해 보세요.

❶

파프리카, 오이, 양파, 셀러리,
잎채소를 작게 썰어 주세요.

❷

큰 볼에 손질한 채소를 넣어
주세요.

❸

올리브오일, 레몬즙, 발사믹
식초, 소금을 섞어 소스를 만
들어 볼에 부어 주세요.

❹

모든 재료를 잘 섞어 주세요.

Eun's kitchen Tip

- 취향에 따라 올리브, 페타 치즈, 붉은 양파를 추가해도 맛있답니다. 이렇게 하면 정통 지중해 스타일의 맛을 낼 수 있어요.
- 소스의 비율은 입맛에 따라 신맛과 짠맛을 가감해 주세요.

시원하고 상큼한
토마토 가스파초

재료

· 토마토 2개
· 양파 ½개
· 오이 ½개
· 레드 파프리카 1개
· 마늘 1쪽
· 엑스트라 버진 올리브오일 2T
· 발사믹 식초 1T
· 소금 0.5t

가스파초는 원래 바게트를 갈아 넣는 메뉴지만, 저는 혈당 관리를 위해 빵을 생략했어요. 빵을 넣지 않아도 충분히 맛있답니다. 토마토의 리코펜 성분은 항산화 작용이 뛰어난데, 익히면 흡수율이 더 높아져요. 시원하고 상큼한 이 스페인식 냉수프는 더운 여름날 완벽한 한 끼가 됩니다.

❶

토마토와 양파는 냄비에 중불
로 10분간 찌세요.

❷

오이, 레드 파프리카는 큼직
하게 썰어 둡니다.

❸

익힌 토마토의 껍질을 벗겨
주세요.

❹

모든 재료를 블렌더에 넣고
곱게 갈아 줍니다.

186

❺

냉장고에서 2시간 이상 차갑
게 식혀 주세요.

Eun's kitchen Tip

- 잘게 썬 아보카도, 삶은 달걀, 찐 단호박, 병아리콩을 토핑으로 올리면 식감도 좋고 더 근사해
  보여요.
- 전날 만들어 하룻밤 재워 두면 맛이 더 깊어집니다.

식곤증 없는 오후의 비결

— 점심 먹고 나른해지는 식곤증, 다들 경험해 보셨죠? 그건 대부분 혈당이 급격히 올랐다가 떨어지는 혈당 스파이크 때문이에요. 여기서 소개하는 메뉴는 탄수화물, 단백질, 지방과 채소의 균형을 잘 맞춰서 혈당이 천천히 오르도록 구성했어요. 다양한 재료로 만든 샐러드부터 든든한 샌드위치까지, 맛있게 먹으면서도 오후 내내 기운이 넘치게 해 줄 거예요. 밀 프렙으로 만들어 두기 좋은 메뉴인 것도 큰 장점이랍니다.

*레시피는 1인분을 기준으로 하였습니다.

스테이크 파워 볼

재료

- 목초 소고기 200g
- 방울토마토 3~4개
- 당근 라페 약간
- 믹스 채소 1컵
- 퀴노아 밥 50~100g
- 오레가노 1t
- 엑스트라 버진 올리브오일 1T
- 소금 0.3t

단백질과 오메가 3가 풍부한 목초 소고기와 다양한 채소를 조합한 영양 균형 잡힌 한 그릇 식사예요. 목초 소고기는 오메가3 지방산이 풍부하고, 채소와 함께 섭취하면 혈당 상승을 완만하게 할 수 있어 혈당 관리에 도움이 됩니다.

Eun's kitchen Tip

- 어울리는 드레싱으로 발사믹 비네그레트 소스를 추천합니다.

❶

목초 소고기에 오레가노, 올
리브오일, 소금을 뿌려 30분
이상 밑간하고, 방울토마토,
오이, 로메인 등의 채소를 썰
어 주세요.

❷

팬을 달궈 밑간한 소고기를
센불에서 원하는 익힘 정도로
구워냅니다.

(두께 2cm 고기의 경우 각 면 당, 미
디엄 레어는 1분 30초, 미디엄은 2분,
웰던은 3분 이상)

❸

소고기는 5분간 레스팅 후 먹
기 좋은 크기로 잘라 주고, 스
테이크, 당근 라페, 각종 채소,
퀴노아 밥을 볼에 담아요.

우아한 변신

차돌박이 샐러드 볼

재료

· 차돌박이 150g
· 방울토마토 4~5개
· 브로콜리 ¼개
· 그린빈스 2~3개
· 느타리버섯 ¼개
· 믹스 채소 1컵
· 오리엔탈 소스 2~3T
  (142쪽 참고)
· 소금 약간

간단하게 소금만 뿌려 구워 낸 고소한 차돌박이와 함께 버섯 등의 구운 채소를 곁들여 깊은 맛을 즐겨 보세요. 부드러운 육질의 감칠맛과 구운 채소의 풍부한 향이 아주 잘 어울려요. 여기에 한국적인 맛이 가득한 오리엔탈 소스를 더하면 차돌박이의 느끼함도 잡아주고 동서양의 맛이 잘 어우러진답니다.

Eun's kitchen Tip

· 병아리콩을 넣은 퀴노아 밥을 추가하면 영양이 완벽한 한 끼가 됩니다.

❶

팬에 방울토마토, 브로콜리, 그린빈스, 버섯을 중불에서 노 릇해질 정도로 구워 주세요.

❷

차돌박이는 질겨지지 않도록 센불에서 빠르게 굽고 소금을 뿌려 간을 합니다.

❸

구운 채소와 차돌박이를 볼에 담고, 오리엔탈 소스를 곁들 입니다.

연어 포케 볼

재료

· 숙성 연어회 100g
· 당근 라페 약간
· 양배추 라페 약간
· 방울토마토 3~4개
· 상추 2장
· 깻잎 2장
· 스리라차 소스 1T
· 수제 마요네즈 2~3T
  (138쪽 참고)

'포케poke'는 하와이어로 '자르다' 또는 '썬다'라는 뜻이에요. 원래는 하와이 원주민들이 잡은 생선을 그 자리에서 썰어 먹던 음식이었는데 시간이 지나면서 각종 채소와 소스를 더해 지금의 모습을 갖추게 되었습니다. 바쁜 일상에서 영양 가득한 한 끼를 즐기고 싶다면 연어 포케 볼을 추천합니다.

오메가3가 풍부한 연어와 다양한 채소를 조화롭게 담아 맛과 영양을 동시에 챙길 수 있답니다. 연어의 건강함에 각종 채소의 신선함, 거기에 스리라차 소스의 이국적인 풍미까지 더해져 완벽한 한 끼 식사가 됩니다.

Eun's kitchen Tip

· 채소는 기호에 따라 아보카도나 오이를 추가하는 것도 좋아요.
· 숙성 연어회는 연어 필렛을 사와 직접 만들 수도 있어요. 소금 간을 한 후 연어의 수분을 닦아 낸 뒤, 다시마로 감싸 냉장고에서 하루 동안 숙성하면 된답니다.

만드는 방법

❶

숙성 연어회를 두께 1cm 크기로 썰어 주세요. 주사위 모양으로 깍둑썰어도 좋습니다.

❷

방울토마토, 상추, 깻잎을 먹기 좋은 크기로 썰어 주세요.

❸

스리라차 소스와 마요네즈를 잘 섞어요. 스리라차 소스와 마요네즈의 비율은 취향에 따라 1:3이나 1:2로 섞으세요.

❹

연어와 채소를 그릇에 예쁘게 담아 주세요. 연어, 브로콜리, 당근, 상추, 방울토마토 등을 색감 있게 배치합니다.

은은한 매콤함을 더한
케이준 치킨 샐러드 볼

재료

· 닭가슴살 한 조각 300g
· 저속 노화 밥 또는 퀴노아 밥
  50~100g
· 방울토마토 4~5개
· 당근 라페 1줌
· 양배추 라페 1줌
· 루콜라 1줌
· 케이준 시즈닝 1t
· 오레가노 1t
· 엑스트라 버진 올리브오일 2T
· 바질 페스토 2~3T(144쪽 참고)
· 소금 약간

우리나라에서 '케이준 치킨'이라고 하면 대부분 바삭한 튀김옷을 입히고 달콤한 허니 머스터드 소스를 듬뿍 뿌린 프랜차이즈 레스토랑 메뉴를 떠올리시죠. 하지만 원래의 케이준 요리는 향신료의 풍미를 살리는 데 중점을 둡니다.

진정한 케이준 스타일은 미국 남부 루이지애나 지역의 독특한 향신료를 혼합하여 고기나 해산물에 양념해 굽는 것이 특징이에요. 튀기거나 소스를 듬뿍 뿌리지 않아도 충분히 맛있고 건강한 케이준 치킨 샐러드 볼로 특별한 한 끼를 즐겨 보세요.

만드는 방법

❶

닭가슴살에 케이준 시즈닝, 오레가노, 올리브오일, 소금을 뿌려 골고루 섞고 30분간 밑간합니다.

❷

방울토마토는 세척 후 반으로 잘라 준비해 주세요.

❸

밑간 한 닭가슴살을 중불로 뚜껑을 덮고 찌듯이 10~15분 간 굽습니다.

❹

구워낸 닭가슴살을 5분간 식힌 후 적당한 크기로 자른 뒤, 그릇에 닭고기, 채소, 밥 등을 올려 페스토 소스를 곁들입니다.

맛의 밸런스를 잡은
훈제 오리 샐러드 볼

재료

· 훈제 오리 슬라이스 100g
· 방울토마토 5개
· 깻잎 2~3장
· 파프리카 ¼개
· 새싹 채소 1줌
· 키위 1개
· 엑스트라 버진 올리브오일 2T
· 애플 사이다 식초 1T
· 홀그레인 머스터드 1T
· 소금 약간
· 후추 약간

훈제 오리를 구매할 때는 반드시 아질산나트륨과 같은 발색제와 기타 첨가물이 들어가지 않은 제품을 고르세요. 순수하게 훈연한 훈제 오리는 색깔이 붉지 않고 거무스름해요.

이 샐러드 볼의 숨은 비법은 바로 키위 드레싱인데요, 키위 반 개를 갈아 만든 드레싱이 훈제 오리의 기름진 맛을 중화시키고 상큼함을 더한답니다. 키위는 낮은 당지수를 가지고 있어 혈당 관리에 좋은 과일로 알려져 있어요. 사용하고 남은 키위 반 개는 샐러드 볼의 밥 대신 드세요. 풍부한 단백질과 오메가3 지방산, 그리고 키위의 영양이 어우러진 완벽한 한 끼 식사가 될 거예요.

Eun's kitchen Tip

· 과일을 드실 땐 밥 따로 후식으로 과일 따로가 아니라 둘 중 한 가지만 드셔야 혈당 관리가 잘 된다는 점 잊지 마세요.

❶

훈제 오리 슬라이스를 중불에
살짝 구워 기름기를 제거하고
적당한 크기로 자릅니다.

❷

방울토마토는 반으로 자르고,
깻잎, 파프리카, 먹기 좋은 크
기로 잘라 주세요.

❸

키위는 껍질을 벗기고 잘라
주세요.

❹

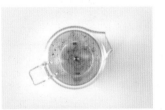

키위 ½개, 올리브오일, 애플
사이다 식초, 홀그레인 머스
터드, 소금, 후추를 넣고 갈아
요. 그릇에 재료를 담고 키위
소스를 곁들입니다.

바질 닭가슴살 스테이크

재료

- 닭가슴살 한 조각(약 150~200g)
- 토마토 1개
- 루콜라 1줌
- 바질 페스토2T(144쪽 참고)
- 생 모차렐라 2조각
- 오레가노 1t
- 엑스트라 버진 올리브오일 1T
- 소금 약간
- 후추 약간

그냥 굽거나 삶으면 퍽퍽하기 쉬운 닭가슴살에 토마토, 바질 페스토, 생 모차렐라, 루콜라를 올려 샌드위치처럼 즐기는 메뉴예요. 단백질이 듬뿍 들어 있어 포만감이 가득하고, 바질 페스토가 더해져 향긋함과 건강한 지방을 함께 채울 수 있어요. 혈당 걱정 없는 든든한 한 끼 메뉴랍니다.

만드는 방법

❶

닭가슴살 겉면을 키친타월로 가볍게 닦아낸 후 포를 뜨듯 반으로 갈라 주세요.

❷

닭가슴살에 올리브오일, 오레가노, 소금, 후추를 골고루 뿌려 30분 이상 재워 둡니다.

❸

닭가슴살 한쪽 면에 바질 페스토를 넉넉히 발라 줍니다.

❹

토마토와 모차렐라를 얇게 썰어 닭가슴살 위에 교차해 올려 주세요.

❺

❻

루콜라 잎을 닭가슴살에 올린 뒤 접어 주세요.

예열된 팬에 닭가슴살을 올리고 뚜껑을 덮고 중불에서 10분간 굽습니다. 한쪽이 다 익으면, 뒤집어서 뚜껑을 덮어 10분간 굽습니다.

Eun's kitchen Tip

- 뚜껑을 덮어 굽는 방식은 닭가슴살을 더욱 촉촉하고 부드럽게 만들어 줍니다.
- 저온 스팀식 조리법이라 굽는 과정에서 생길 수 있는 당독소가 줄어요.

든든한 채움
포켓 샌드위치

재료

· 사워도우 치아바타 1개
· 삶은 닭가슴살 100g
· 양배추 라페 또는 당근 라페
  약간
· 상추 또는 로메인 2~3장
· 크랜베리 1T
· 아몬드 1T
· 그릭 요거트 3T
· 수제 마요네즈 1T
  (138쪽 참고)
· 소금 약간
· 후추 약간

건과일은 당지수가 높고 대부분 설탕으로 절여져 혈당 관리에 적합하진 않아요. 하지만 이 레시피에서는 사워도우 치아바타의 속을 파내 탄수화물 섭취를 줄이고, 아주 소량의 크랜베리만 사용해 풍미는 살리면서 혈당 상승은 최소화했답니다.

만드는 방법

❶

사워도우 치아바타를 반으로
잘라 속을 파냅니다.

❷

크랜베리와 아몬드를 곱게 다
집니다.

❸

그릭 요거트, 마요네즈, 소
금, 후추를 섞어 소스를 만듭
니다.

❹

삶은 닭가슴살을 잘게 찢거나
다진 후, 소스와 다진 크랜베
리, 아몬드를 넣고 잘 섞어 줍
니다.

❺

빵 속에 상추나 로메인을 넣고, 그 위에 섞어 둔 닭가슴살을 채웁니다.

Eun's kitchen Tip

· 사워도우는 발효 과정에서 생성된 유산균과 아세트산 덕분에 혈당이 천천히 올라요.

향긋함 가득한

바질 토마토 그릭 샌드위치

재료

· 사워도우 치아바타 1개
· 선드라이드 방울토마토 1T
· 그릭 요거트 2T
· 바질 페스토 1T
　(144쪽 참고)
· 소금 약간
· 후추 약간

직접 만든 바질 페스토, 선드라이드 토마토에 그릭 요거트를 더해 나쁜 지방은 줄이고, 단백질을 더했어요. 빵은 사워도우 치아바타를 사용해 혈당 관리에 더욱 적합하지요. 그렇지만 식사 시 바로 샌드위치를 먹으면 혈당 스파이크가 일어날 수 있으니, 샐러드나 채소 스틱으로 혈당 방어해 주는 것도 잊지 마세요.

Eun's kitchen Tip

· 사워도우 치아바타 대신 통곡물 식빵을 사용해도 좋아요.
· 그릭 요거트는 단백질이 풍부해 포만감을 높이고 혈당 상승을 완만하게 합니다.

만드는 방법

❶

사워도우 치아바타를 반으로
가릅니다.

❷

선드라이드 토마토, 그릭 요
거트, 소금, 후추를 넣고 잘
섞어 주세요.

❸

빵의 한쪽 면에는 바질 페스
토를 바르고 다른 면에는 만
들어 둔 소스를 펴 바릅니다.

❹

빵의 다른 쪽을 덮어 샌드위
치를 완성합니다.

타코 샐러드 볼

재료

- 목초 소고기 100~150g
- 당근 ¼개
- 새싹 채소 ¼개
- 방울토마토 2~3개
- 상추 또는 로메인 2장
- 아보카도 1개
- 양파 ½개
- 고수 ¼컵
- 레몬즙 또는 라임즙 2T
- 살사 소스 또는
  토마토 소스 2T
- 엑스트라 버진 올리브오일 2T
- 파프리카 파우더 1T
- 소금 0.5t
- 후추 0.5t

타코도 혈당 관리에 꽤 좋은 음식이 될 수 있어요. 또띠아 칩만 제외한다면 말이죠. 타코나 부리또 같은 멕시코 음식에서 빼놓을 수 없는 사워크림 대신 그릭 요거트를 사용하면 어떨까요?

불필요한 과잉 칼로리를 줄이면서도 단백질을 챙길 수 있어 영양적으로 더욱 균형 잡힌 메뉴가 된답니다.

❶

❷

양파를 다진 후 예열된 팬에
올리브오일을 두르고 중불로
볶아 주세요.

목초 소고기와 파프리카 파우
더, 소금을 넣고 함께 볶아 주
세요.

Eun's kitchen Tip

• 고수가 입맛에 맞지 않는다면, 깻잎이나 이탈리안 파슬리로 대체해도 좋습니다.

❸

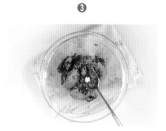

아보카도는 반으로 갈라 씨를
제거한 후 껍질을 벗기고 레
몬즙, 다진 고수, 소금, 후추를
넣고 으깨 주세요.

❹

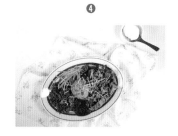

당근, 새싹 채소, 방울토마토,
상추는 썰어서 담고, 그 위에
볶은 소고기와 아보카도를 얹
어요. 마지막으로 살사 소스
나 토마토 소스를 곁들인 후
고수를 뿌려 장식합니다.

라구 소스 품은
채소 팍시

재료

- 파프리카 1개
- 토마토 1개
- 라구 소스 4T(128쪽 참고)
- 퀴노아 밥 약간
- 모차렐라 치즈 2~3T
- 소금 약간
- 후추 약간

'팍시Farcie'는 프랑스어로 '속을 채운'이라는 뜻을 가진 요리법이에요. 저는 여기에 이탈리아의 진한 라구 소스로 채워 보았습니다. 채소의 식이섬유와 라구 소스의 단백질, 모차렐라 치즈의 지방과 퀴노아 밥을 한 스푼 넣어 탄·단·지 영양 균형이 좋습니다. 또한 토마토는 익혀 먹으면 리코펜 흡수율이 높아지고 단맛이 올라가 더욱 맛있답니다.

Eun's kitchen Tip

- 오븐이나 에어프라이어는 미리 180°C로 예열해 두면 좋아요.
- 가지, 주키니 등 속을 파낼 수 있다면 어떤 채소로든 응용할 수 있어요.

만드는 방법

❶

파프리카와 토마토의 속을 파
냅니다.

❷

파프리카와 토마토의 안쪽에
소금을 조금 뿌린 후 퀴노아
밥을 채워 주세요.

❸

라구 소스를 파프리카와 토마
토 안에 꾹꾹 눌러 채웁니다.

❹

모차렐라 치즈도 적당량 뿌
린 후 파프리카와 토마토의
뚜껑을 덮어 줍니다. 20분 정
도 오븐이나 에어프라이어에
180˚C로 구워 주세요..

하루를 마무리하는 건강한 저녁

— 다이어트와 혈당 관리 측면에서는 저녁 식사를 가볍게 먹고, 오후 5~6시 사이에 끝내는 것이 좋다고 해요. 하지만 바쁜 현대인에게는 현실적으로 쉽지 않죠. 저녁은 온 가족이 함께 모이는 유일한 시간대이기도 하니까요. 그래서 이번 장에서는 그 부분을 특별히 고려했어요. 우리가 자주 먹는 한식을 기본으로 하되, 혈당 관리에 좋은 방식으로 조리법을 조금씩 바꿨습니다. 원 팬 요리부터 건강한 찜 요리를 비롯하여 온 가족이 즐길 수 있으면서도 혈당 관리에 부담 없는 메뉴들까지. 이렇게 먹으면 밤에 출출해서 야식 찾는 일도 줄어들 거예요.

*레시피는 2~3인분을 기준으로 하였습니다.

입안 가득 바다 내음

해산물 원 팬 라이스

재료

- 쌀 1컵
- 콜리플라워 라이스 1컵
- 새우 10마리
- 오징어 반 마리 또는
  자숙 문어 100g
- 홍합 또는 가리비 5~6개
- 양파 ½개
- 토마토 1개
- 물 160mL(쌀이 잠길 정도)
- 엑스트라 버진 올리브오일 2T
- 소금 약간

원 팬 요리는 재료를 볶다가 쌀을 넣고 물을 부어 익히면 끝이에요. 저는 혈당 관리를 위해 쌀의 양을 절반으로 줄이고, 콜리플라워 라이스를 넣어요. 밥보다 고기나 해산물, 채소 등의 고명을 더 많이 올려 영양 밸런스를 맞추죠. 이렇게 하면 맛있는 원 팬 요리를 즐기면서도 혈당 관리에 도움을 줄 수 있답니다.

❶

양파, 토마토는 잘게 썰어 줍
니다. 오징어나 자숙 문어도
적당한 크기로 썰어 준비합
니다.

❷

큰 팬에 올리브오일을 두르고
중불에서 양파를 투명해질 때
까지 볶습니다.

❸

양파가 익으면 토마토와 오
징어 또는 자숙 문어를 넣고
1~2분간 더 볶아 줍니다.

❹

쌀과 소금을 넣고 가볍게 볶
다가 재료가 잠길 정도의 물을
붓고, 콜리플라워 라이스와 토
핑용 해산물을 올립니다.

❺

중불보다 센불에서 끓이다가
밥물이 끓기 시작하면 뚜껑을
덮어 주세요.

❻

약불로 줄여 15분간 더 끓입
니다. 불을 끄고 뚜껑을 덮은
채로 5분간 뜸을 들이세요.

Eun's kitchen Tip

- 쌀은 미리 20분 정도 불려서 사용해요.
- 콜리플라워 라이스와 해산물에서 수분이 많이 나오니 평소보다 밥물을 훨씬 적게 넣어 주세요.

인도 비리아니 스타일
커리 치킨 원 팬 라이스

재료

· 닭 다리 살 한 팩 400g
· 쌀 1컵
· 콜리플라워 라이스 1컵
· 물 160mL
· 엑스트라 버진 올리브오일 2T
· 커리 파우더 1t
· 오레가노 1T
· 치킨스톡 1개
· 소금 약간

인도의 비리아니에서 영감 받은 이 메뉴는 은은한 커리 향이 감도는 치킨과 닭 육수 맛이 알알이 베인 밥의 조화가 정말 일품이에요. 혈당 관리를 위해 역시 쌀의 양을 줄이고 콜리플라워 라이스를 넣어 만들었어요. 이렇게 하면 탄수화물은 줄이면서도 포만감은 그대로 유지할 수 있답니다.

만드는 방법

❶

닭 다리 살은 오레가노, 커리 파우더, 소금으로 30분 이상 밑간을 해 둡니다.

❷

큰 팬에 올리브오일을 두르고 밑간한 닭고기를 중불에서 80%만 익힙니다.

❸

팬에 불려 둔 쌀과 커리 파우더를 넣고 볶습니다.

❹

치킨스톡을 풀어둔 물을 쌀이 잠길 만큼만 붓고 그 위에 콜리플라워 라이스를 올립니다.

❺

구운 닭 다리 살도 올려 중불
보다 조금 센불에서 끓이다가
밥물이 끓기 시작하면 뚜껑을
덮고 약불로 줄여 15분간 더
끓입니다.

❻

불을 끄고 뚜껑을 덮고, 5분간
뜸을 들입니다.

Eun's kitchen Tip

- 콜리플라워 라이스에서 수분이 많이 나오므로, 평소보다 밥물을 훨씬 적게 넣어 주세요.
- 채소를 더 넣고 싶다면 완두콩이나 피망, 양파를 추가해도 좋아요.
- 커리 파우더는 쓴맛이 나고 아이들 입에는 매울 수 있으므로 소량만 사용해 주세요.

조화로운 맛
불고기 가지 솥밥

재료

- 목초 소고기 불고기용 300g
- 가지 2개
- 콜리플라워 라이스 1컵
- 쌀 1컵
- 대파 ¼개
- 다진 마늘 ½T
- 물 160mL
- 배 농축액 또는
  비정제 원당 1T
- 한식 간장 2T
- 무첨가 요리 술 1T
- 엑스트라 버진 올리브오일 1T
- 소금 약간

저는 혈당 관리를 시작하면서부터 불고기 양념을 최대한 달지 않게 만들어요. 콩과 천일염만으로 만든 한식 간장에 첨가당이 들어가지 않은 요리술, 정제 설탕 대신 배 농축액이나 비정제 원당을 소량 사용합니다. 이 레시피는 혈당을 줄이기 위해 쌀의 양을 절반으로 줄이고 콜리플라워 라이스를 넣어 만들어, 온 가족이 함께 건강하게 즐길 수 있어요.

Eun's kitchen Tip

- 가지와 콜리플라워 라이스에서 수분이 많이 나오니 밥물은 쌀이 잠길 정도로만 넣어 주세요.

❶

쌀은 씻어 20분간 불리고 콜
리플라워 라이스도 함께 준비
합니다.

❷

소고기에 다진 마늘, 배 농축
액, 간장, 요리용 술을 넣고 재
웁니다.

❸

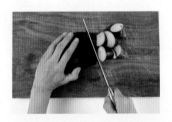

가지를 먹기 좋은 크기로 썹
니다.

❹

팬에 기름을 두르고 중불에서
가지를 볶으며 소금으로 간을
합니다.

242

❺

같은 팬에 양념한 불고기를 중불보다 센불에서 볶아 80% 정도만 익힙니다.

❻

냄비에 불린 쌀과 물을 넣고 중불보다 조금 센불로 끓입니다. 끓어 오르면 약불로 줄입니다.

❼

콜리플라워 라이스, 불고기, 가지 순으로 올리고 뚜껑을 덮어 약불에 15분간 익힙니다.

❽

불을 끄고 뚜껑을 덮은 채 5분간 뜸을 들이세요.

당독소 걱정 없는
무수분 수육

재료

· 돼지고기500g

   (삼겹살 또는 목살)

· 양파 2개

· 월계수잎 2~3장

· 대파 뿌리 3~4개

· 마늘 2~3개

· 소금 1t

저는 삶거나 찌는 조리법을 선호해요. 냄비에 고기를 넣고 뚜껑 덮어 오래 익히기만 하면 되는 간단한 조리법이고 당독소가 덜 발생하는 건강한 조리법이에요. 무수분 조리법을 한 번도 안 해보신 분들은 '고기가 타지 않을까?' 걱정하는데요, 채소와 고기에서 나오는 수분으로 전혀 타지 않아요. 만들기도 간단하니 보다 건강한 방식으로 맛있게 수육을 즐겨 보세요.

만드는 방법

❶

양파는 깨끗이 씻어 껍질째
가로로 썰어 주세요.

❷

깊은 냄비 바닥에 양파를 깔
아 줍니다.

❸

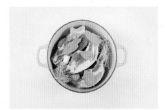

고기 위에 월계수잎, 대파 뿌
리, 마늘을 올립니다.

❹

뚜껑을 덮고 센불에서 익히다
가 끓는 소리가 나기 시작하
면 중불보다 약한 불로 줄여
50분가량 익혀 주세요.

❺

불을 끄고 뚜껑을 덮어 10분 간 뜸을 들여 주세요. 다 익은 고기는 한 김 식힌 후 얇게 잘라 주세요.

❻

기호에 맞게 어울리는 채소와 맛있게 먹습니다.

Eun's kitchen Tip

· 조리 시간은 고기의 양에 따라 조절하세요.
· 고기가 탈까 봐 걱정된다면 물 반 컵을 넣어 익혀 주세요.
· 잔열로 10분간 뜸 들이는 과정을 거치면, 식감이 더욱 부드러워요.

냄비 하나로 간편하게 찌는
원팟 나물

재료

- 알배추 4~5장
- 새송이버섯 3~4개
- 콩나물 1봉지
- 시금치 1단
- 무 ½개(500g)
- 물 100mL

양념

- 콩나물: 들기름 1T, 소금 약간
- 새송이버섯: 들기름1T,
  들깨가루 1t, 소금 약간
- 알배추: 들기름1T, 소금 약간
- 시금치: 들기름1T,
  한식 간장 1T
- 무: 고춧가루 2T, 비정제원당
  1T, 애플 사이다 식초 1T,
  액젓 1T, 소금 1T

우리 가족은 비빔밥을 정말 좋아해요. 채소를 잘 안 먹는 아이들도 비빔밥 속 나물은 잘 먹거든요. 그런데 여러 가지 나물을 따로 데치고 볶고 무치려면 너무 번거롭죠. 그럴 때, 큰 냄비 하나에 한 번에 넣고 찌면 간단하고 시간도 많이 절약된답니다. 게다가 볶지 않고 찌는 조리법이라 건강에도 훨씬 좋아요.

만드는 방법

❶

❷

알배추와 무를 먹기 좋은 크
기로 자릅니다.

새송이버섯은 세로로 반 갈라
얇게 썰거나 손으로 찢어 주
세요.

❸

❹

큰 냄비에 알배추, 새송이버
섯, 콩나물, 무를 넣고 물을
3~4T 넣은 후 뚜껑을 덮고 중
불보다 약한 불에서 10분간
찝니다.

손질한 시금치를 넣은 후, 뚜
껑을 덮고 2~3분간 익힙니다.

❺

냄비 뚜껑에 각 나물 한 가지
와 양념을 넣고 가볍게 무칩
니다.

Eun's kitchen Tip

- 무나 당근, 애호박 같은 단단한 채소는 바닥에 깔고 먼저 익혀 주세요.
- 익히는 시간은 채소의 양에 따라 달라질 수 있습니다.

밀푀유나베

천 개의 매력을 쌓은

재료

- 샤부샤부용 소고기 또는
  목초 소고기 불고기용 400g
- 알배추 10~12장
- 깻잎 20~30장
  (알배추 잎 크기 따라)
- 팽이버섯 또는 표고버섯 1개
- 멸치육수 1000mL
- 소금 0.5T

밀푀유나베는 '천 개의 잎사귀'라는 뜻을 가진 프랑스어 'mille-feuille'와 일본어 '나베(냄비)'의 합성어예요. 얇게 썬 재료를 겹겹이 쌓아 만드는 모양이 프랑스 디저트 밀푀유를 닮았다고 해서 붙여진 이름이죠. 채소와 고기를 겹겹이 쌓아 조리하기 때문에 채소를 더 많이 먹을 수 있어 혈당 관리에 최적이랍니다.

천천히 익히는 조리 방식이라 영양소도 잘 보존됩니다. 무엇보다 만들기 쉽고 맛도 좋으면서 보기도 예뻐서 손님 초대 요리로 최고예요.

Eun's kitchen Tip

- 취향에 따라 폰즈 소스나 참깨 소스를 곁들여 드세요.

만드는 방법

❶

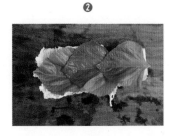

알배추는 옆으로 튀어나온 잎
을 잘라 일정한 크기로 만듭
니다.

❷

배춧잎 위에 깻잎을 올립니
다.

❸

그 위에 소고기를 올려 겹겹
이 쌓습니다. 이 과정을 2~3
번 반복합니다.

❹

쌓은 재료를 5cm 길이로 자
릅니다.

❺

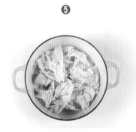

냄비 바닥에 잘라낸 배춧잎을
깔아 줍니다.

❻

자른 배추, 깻잎, 고기를 냄비
를 둘러 가며 담습니다.

❼

준비한 육수를 부어 센불에서
끓입니다.

훈제 오리 채소찜

재료

· 무첨가 훈제 오리 1팩
· 배추 2~3장
· 새송이버섯 2~3개
· 청경채 3~4포기
· 팽이버섯 1개
· 부추 50g
· 숙주 10g

찌기만 하면 근사하고 맛있게 완성되는 훈제 오리 채소 찜이에요. 고기와 채소를 함께 먹을 수 있어 영양 균형이 좋고, 기름기도 쫙 빠져 담백해서 일품이죠. 손님 초대 요리로도 훌륭한데 만드는 건 의외로 간단해서 일석이조랍니다.

만드는 방법

❶

배추, 새송이버섯, 청경채, 팽이버섯, 부추, 숙주는 먹기 좋은 크기로 손질해 주세요.

❷

찜기에 손질한 채소와 훈제 오리 고기를 넣고 뚜껑을 덮어 중불보다 센불에서 10분간 익혀 주세요.

Eun's kitchen Tip

- 훈제 오리 대신 차돌박이, 대패 삼겹살 등으로 대체해도 맛있어요.
- 계절별로 제철 채소를 활용하면 사계절 내내 새로운 맛을 즐길 수 있어요.

혈당 걱정 없는
사골 새송이 떡국

재료

· 새송이버섯 4개
· 사골 육수 500mL
· 달걀 1개
· 소금 약간

설날은 물론 추운 겨울날이면 생각나는 떡국. 하지만 떡은 정제 탄수화물이라 혈당이 급격히 오르기 쉽죠. 특히 국물에 전분이 풀어지면서 혈당 스파이크가 더 심해진답니다.

저는 떡을 좋아해서 떡국이 가끔 그립더라고요. 그럴 때면 쫄깃한 새송이버섯으로 떡국을 만들어 먹어요. 새송이를 어슷하게 썰면 떡국떡처럼 보여서 눈으로 보는 재미도 있고, 쫄깃한 식감도 비슷하답니다. 떡국이 그리울 때 좋은 대안이 될 거예요.

Eun's kitchen Tip

· 마무리로 쪽파와 들기름을 사용하면 더욱 맛있어요.
· 소고기 다짐육을 볶아 넣으면 단백질을 더할 수 있어요.

❶

새송이버섯은 깨끗이 손질 후
0.5cm 두께로 어슷하게 썰어
주세요.

❷

센불에서 사골 육수가 끓으
면, 새송이버섯을 넣고 중불
에서 2~3분간 끓입니다.

❸

달걀은 미리 풀어 주세요.

❹

냄비에 미리 풀어 둔 달걀을
넣어 주세요.

밀가루 피 없이 담백한

배추만두와 김치만두

재료

· 배추 또는 묵은지 15장
· 다진 돼지고기 500g
· 두부 1모
· 숙주 150g
· 대파 1줄기
· 부추 10줄기
· 다진 마늘 1T
· 다진 생강 약간 또는
  생강즙 1T
· 소금 1T

저는 배추나 얇게 썬 무를 만두피로 이용해 종종 만두를 만들어 먹곤 해요. 묵은지가 있다면 김치 양념을 씻어낸 후 만두소를 돌돌 말아 먹어도 맛있답니다. 만두피를 밀가루로 만들지 않아 혈당 상승도 적고, 신선한 채소를 듬뿍 먹을 수 있어 건강에도 좋아요.

❶

❷

두부는 으깨어 물기를 빼고, 배춧잎은 깨끗이 씻어 전자레인지에 2분간 돌려 부드럽게 익힙니다. 묵은지를 사용할 경우 양념을 물로 잘 씻어 주세요.

숙주, 대파, 부추는 잘게 다집니다.

Eun's kitchen Tip

- 만두소에 달걀물과 타피오카 전분이나 카사바 전분만 묻혀 굴림만두로 만들어도 좋아요.
- 아이스크림 스쿱을 사용해 만두소를 만들면 편리해요.

❸

볼에 다진 돼지고기, 두부, 숙
주, 대파, 부추, 생강즙, 다진
마늘, 소금을 넣어요.

❹

반죽을 잘 치대어 가며 골고
루 섞어 만두소를 만듭니다.

❺

배춧잎 위에 만두소를 올리고
돌돌 말아줍니다.

❻

찜기에 만두를 올려 중불보다
센불에서 15~20분간 찝니다.

든든한 겨울 별미 한 그릇

완자 배춧국

재료

- 돼지고기 100g
- 배추 2~3장
- 두부 반모
- 부추 2~3줄기
- 대파 ½대
- 다진 마늘 1T
- 멸치 육수 600mL
- 소금 약간
- 후추 약간

만두소를 많이 만들었을 때 다음 날 꼭 활용하는 메뉴입니다. 진하게 우려낸 멸치 육수에 만두소를 뚝뚝 떼어 넣어 끓이기만 해도 깊은 감칠맛이 나서 정말 맛있답니다. 여기에 배춧잎까지 썰어 넣으면 채소도 함께 섭취할 수 있어 더 좋고요. 추운 겨울날이면 꼭 생각나는 메뉴입니다.

Eun's kitchen Tip

- 만두소 대신 다진 닭가슴살이나 새우살로 완자를 만들어도 맛있어요.
- 배추 대신 시금치나 무를 넣어도 좋답니다.

❶

배추는 씻어서 먹기 좋은 크
기로 채 썰고, 대파도 채 썰거
나 어슷썰기를 합니다.

❷

센불에서 육수를 팔팔 끓인
후 만두소를 동그랗게 빚어
넣어 주세요.

❸

완자가 떠 오르면 중불로 줄이
고 배추를 넣어 5분간 끓이세
요. 소금으로 간을 하고 대파,
후추를 뿌려 마무리합니다.

매일의 건강한 선택
혈당 관리로 찾은 몸과 마음의 안정

"당신이 먹는 음식이 곧 당신(You are what you eat)"이라는 말은 제가 참 좋아하는 문장입니다. 1826년 프랑스의 한 미식가이자 철학가가 "당신이 무엇을 먹는지 말해 주면, 당신이 어떤 사람인지 말해 주겠다"라고 했는데요. 이 말은 1940년대 미국의 영양학자가 건강한 식사의 중요성을 강조한 책을 통해 지금의 형태로 널리 퍼지게 되었다고 하네요. 음식이 단순한 먹거리가 아닌 우리 삶 그 자체라는 깊은 의미를 담고 있는 말입니다. 우리가 매일 선택하는 음식이 몸과 마음에 얼마나 큰 영향을 미치는지를 한 문장으로 잘 설명해 주고 있어요.

이 말을 처음 접했을 때 제 식단을 돌아보며 내가 먹는 음식이 곧 나의 건강을 만든다는 사실을 깨달았습니다. 특히 혈당 관리를 시작하면서 제 삶에 얼마나 큰 변화를 불러왔는지 몸소 느꼈어요. 예전에는 식사 후 졸음이 쏟아지고 집중력이 떨어졌지만, 혈당 관리 식단을 실천하면서 하루 종일 에너지가 넘치고 머리도 맑고 개운해졌어요.

덕분에 공복 혈당도 정상으로 돌아왔고 체중도 일정하게 잘 유지되고 있어요. 피부도 오히려 더 좋아졌습니다. 이런 변화들을 겪으면서 건강한 식사가 우리 몸에 얼마나 좋은 영향을 주는지 새삼 깨닫게 됐어요.

단순히 몸만의 변화가 아니었지요. 몸의 건강은 마음의 건강과도 밀접하게 연결되어 있다는 걸 다시금 실감했습니다. 음식은 단지 몸을 위한 연료가 아니라 정신과 감정에도 깊은 영향을 주니까요. 건강한 음식을 선택하면 맑은 사고와 안정된 마음을 유지하는 데 큰 도움이 된다는 걸 경험으로 알게 됐어요. 매일 식단에서 조금씩 더 건강한 선택을 하다 보니 마음도 더 차분하고 안정적으로 변하더라고요.

그리고 또 한 가지 중요한 사실을 알게 됐습니다. 가공된 밀가루와 설탕이 없어도 충분히 맛있고 건강한 식사를 할 수 있다는 것입니다. 처음엔 밀가루와 설탕, 초가공 식품을 사용하지 않으면 맛을 내기 어려울 것 같았는데 이제는 오히려 자연에서 온 재료로 만든 음식이 더 맛있고 만족스럽습니다.

이 책에 담긴 레시피는 제 경험에서 비롯되었습니다. 복잡한 요리법이나 구하기 어려운 재료가 아니라 누구나 쉽게 따라 할 수 있는 방식으로 구성했습니다. 혈당을 안정시키면서도 맛과 영양을 모두 만족시키는 식사를 즐길 수 있게끔요.

이 책을 읽는 여러분이 혈당 관리의 중요성을 깨닫고 밀가루와 설탕을 줄이거나 나아가 완전히 없애는 용기를 낼 수 있다면 좋겠습니다. 어쩌면 현대인에게 초가공식품과 밀가루, 설탕을 줄이는 건 결코 작은 변화처럼 느껴지지 않을 거예요. 익숙한 식습관을 바꾸는 일은 처음엔 큰 도전처럼 느껴지기 마련이죠. 하지만 그 첫걸음을 내딛는 용기를 내보세요. 시간이 지나면 그 변화가 얼마나 가치 있는지 분명히 느끼실 거예요. 매일의 식사에서 조금씩 더 나은 선택을 할 때마다 그 선택이 여러분의 몸과 마음에 분명히 긍정적인 영향을 미치리라 확신합니다.

혈당 관리는 일부 사람들만의 일이 아니에요. 당뇨병이 있거나 혈당이 높은 사람들만 신경 써야 한다고 생각하기 쉽지만, 현대인이라면 누구나 관심을 가져야 할 건강 습관이죠. 특히 가공식품과 흰 밀가루와 설탕 범벅 음식이 넘쳐나는 요즘, 혈당 관리는 우리 모두의 숙제입니다.

이제 여러분도 주방에서 그 변화를 시작해 보세요. 한 끼의 식사, 하나의 재료가 몸에 미치는 영향을 생각하면서 스스로를 더 건강하고 행복하게 만들어 보세요. 우리의 몸은 우리가 먹는 음식에 정직하게 반응한답니다. 건강한 식사를 통해 몸과 마음이 변화하는 기쁨을 직접 경험하길 바랍니다.

여러분이 그 첫걸음을 내딛는데 이 책이 작은 도움이 되었으면 합니다. 설탕이 없어도, 초가공 식품이 아닌 자연식재료만으로도 우리의 식탁은 충분히 행복할 수 있다는 걸 함께 느끼면서 더 건강하고 활기찬 하루하루를 만들어 갔으면 좋겠습니다. 결국 우리가 먹는 모든 한 끼가 우리의 내일을 만드니까요.

참고문헌

1	대한당뇨병학회 www.diabetes.or.kr
2	미국당뇨병협회(ADA) www.diabetesfoodhub.org
3	KBS. 만성질환의 지름길 혈당 스파이크. 생로병사의 비밀. 2020.
4	KBS 생로병사의 비밀 제작팀. 당뇨병을 이긴 사람들의 비밀. 비타북스. 2021.
5	대한당뇨병학회. Diabetes Fact Sheet. 2022.
6	마크 하이만. 혈당 솔루션. 한언. 2014.
7	마키타 젠지. 식사가 잘못됐습니다. 더난출판사. 2018.
8	박선영. 올 댓 허브. 궁리. 2018.
9	벤자민 빅먼. 왜 아플까. 북드림. 2022.
10	송치훈. 밥 식혀 먹으면 ○○ 상승 예방에 도움. 동아일보. 2022.
11	이병문. 먹는 순서만 바꿔도 당뇨 걱정 확 줄어든다. 매일경제. 2023.
12	이지원. 숫자로 알아보는 당뇨. 코메디닷컴. 2023.
13	제시 인차우스페. 글루코스 혁명. 아침사과. 2022.
14	Chris Sweeney, "Could a popular food ingredient raise the risk for diabetes and obesity?", Harvard T.H. Chan School of Public Health, 2019.
15	Anita Rogowicz-Frontczak, Stanislaw Pilacinski, Joanna LeThanh-Blicharz, Anna Koperska&Dorota Zozulinska-Ziolkiewicz, "Influence of resistant starch resulting from the cooling of rice on postprandial glycemia in type 1 diabetes", Nutrition&Diabetes volume 12, 2022.
16	Annelies Brouwer, Daniel H van Raalte, Femke Rutters, Petra JM Elders, Frank J Snoek, Aartjan TF Beekman, Marijke A Bremmer, "Sleep and HbA1c in Patients With Type 2 Diabetes: Which Sleep Characteristics Matter Most?", Diabetes Care, 2020;43(1):235-243.

17   Diana Gentilcore, Reawika Chaikomin, Karen L Jones, Antonietta Russo, Christine Feinle-Bisset, Judith M Wishart, Christopher K Rayner, Michael Horowitz, "Effects of Fat on Gastric Emptying of and the Glycemic, Insulin, and Incretin Responses to a Carbohydrate Meal in Type 2 Diabetes", The Journal of Clinical Endocrinology&Metabolism, Volume 91, Issue 6, 2006.

18   Faris M Zuraikat, Blandine Laferrère, Bin Cheng, Samantha E Scaccia, Zuoqiao Cui, Brooke Aggarwal, Sanja Jelic, Marie-Pierre St-Onge, "Chronic Insufficient Sleep in Women Impairs Insulin Sensitivity Independent of Adiposity Changes: Results of a Randomized Trial", Diabetes Care, 2024;47(1):117-125.

19   Imamura F, Micha R, Wu JHY, Otto MC de O, Fadar O Otite, Abioye AI, Mozaffarian D, "Effects of Saturated Fat, Polyunsaturated Fat, Monounsaturated Fat, and Carbohydrate on Glucose- Insulin Homeostasis: A Systematic Review and Metaanalysis of Randomised Controlled Feeding Trials", PLoS Med, 2016;13(7):e1002087.

20   Loretta DiPietro, Andrei Gribok, Michelle S Stevens, Larry F Hamm, William Rumpler, "Three 15-min Bouts of Moderate Postmeal Walking Significantly Improves 24-h Glycemic Control in Older People at Risk for Impaired Glucose Tolerance", Diabetes Care, 2013;36(10):3262-3268.

21   Lutgarda Bozzetto, Antonio Alderisio, Marisa Giorgini, Francesca Barone, Angela Giacco, Gabriele Riccardi, Angela A Rivellese, Giovanni Annuzz, "Extra-Virgin Olive Oil Reduces Glycemic Response to a High-Glycemic Index Meal in Patients With Type 1 Diabetes: A Randomized Controlled Tria", Diabetes Care, 2016;39(4):518-524.

22   Małgorzata Starowicz, Henryk Zieliński, "Inhibition of Advanced Glycation End-Product Formation by High Antioxidant-Leveled Spices Commonly Used in European Cuisine", Antioxidants, 2019; 8(4): 100.

23   Muneerh I Almarshad, Raya Algonaiman, Hend F Alharbi, Mona S Almujaydil, Hassan Barakat, "Relationship between Ultra-Processed Food Consumption and Risk of Diabetes Mellitus: A Mini-Review", Nutrients, 2022;7;14(12):2366.

24   Orfeu M Buxton, Milena Pavlova, Emily W Reid, Wei Wang, Donald C Simonson, Gail K Adler, "Sleep Restriction for 1 Week Reduces Insulin Sensitivity in Healthy Men", Diabetes, 2010;59(9):2126-2133.

25   Steffi Sonia, Fiastuti Witjaksono, Rahmawati Ridwan, "Effect of cooling of cooked white rice on resistant starch content and glycemic response", Asia Pacific Journal of Clinical Nutrition, 2015;620-625.

혈당 안심 레시피

다이어트에 도움 되고 혈당 스파이크 잡는 식단

초판 1쇄 인쇄 2024년 11월 13일
초판 1쇄 발행 2024년 11월 25일

지은이 권은경

펴낸이 이준경
책임 편집 김현비
책임 디자인 정미정
펴낸곳 (주)영진미디어

출판등록 2011년 1월 6일 제406-2011-000003호
주소 경기도 파주시 문발로 242 파주출판도시 (주)영진미디어
전화 031-955-4955
팩스 031-955-4959
홈페이지 www.yjbooks.com
이메일 book@yjmedia.net

ISBN 979-11-91059-59-5(13590)
값 25,000원